全民科学素质行动计划纲要书系

丛书顾问：袁隆平

叶宗波　朱　东／主编

农博士答疑

一万个为什么

肉鸽养殖

科学普及出版社

·北京·

图书在版编目（CIP）数据

肉鸽养殖／叶宗波，朱东主编 . ——北京：科学普及出版社，2014.1

（农博士答疑一万个为什么）

ISBN 978 – 7 – 110 – 08353 – 6

Ⅰ. ①肉…　Ⅱ. ①叶…②朱…　Ⅲ. ①肉用型 – 鸽 – 饲养管理 – 问题解答

Ⅳ. ①S836. 4 – 44

中国版本图书馆 CIP 数据核字（2013）第 226279 号

出 版 人	苏　青
策划编辑	苏　青
责任编辑	史若晗
责任校对	孟华英
责任印制	李春利　王　沛

出版发行	科学普及出版社
地　　址	北京市海淀区中关村南大街 16 号
邮　　编	100081
投稿电话	010 – 62103115
购书电话	010 – 62103133
购书传真	010 – 62103349
网　　址	http：//www.cspbooks.com.cn
经　　销	全国新华书店
印　　刷	北京正道印刷厂
开　　本	787mm×1092mm　1/16
印　　张	11.75
字　　数	230 千字
版　　次	2014 年 2 月第 1 版
印　　次	2014 年 2 月第 1 次印刷
书　　号	ISBN 978 – 7 – 110 – 08353 – 6/S · 538
定　　价	20.00 元

服务农友
助推经济

袁隆平
二〇二九八

编委会

党和政府历来高度重视"三农"工作，2006年中央"一号文件"提出了建设社会主义新农村的重大历史任务，全国各地农村建设从此踏上新的征程。当前，"三农"工作已成为各级党委和政府工作的重中之重，新农村建设取得可喜进展。

建设新农村，农民朋友是主体。只有大力普及先进科学技术，提高农民朋友的科学素质，才能从根本上推动农业增产增收和农村和谐发展。《农博士答疑一万个为什么》系列丛书的出版是贯彻落实《全民科学素质行动计划纲要》的一个具体行动，她在科技和农友之间搭建了一座通俗的桥梁，用一问一答的形式详细解答农村生产和日常生活中常遇到的诸多问题，具有很强的权威性、针对性和实用性。

仔细翻阅这套丛书，我们会发现：没有长篇累牍的说教，只有通俗易懂的解说；没有高深难懂的理论，只有易于操作的方法。她像一位资深教授，时刻等待农民朋友的"提问"；她像一本农村百科全书，拿起丛书即可轻松操作解决问题。我们相信，农民朋友完全可以一看就懂、一学就会、一用就灵。

今天，在世界杂交水稻之父、中国工程院院士袁隆平的关心指导下，在广西科协科普部和南方科技报社的不懈努力下，《农博士答疑一万个为什么》系列丛书得以顺利出版，在此我对为丛书出版作出贡献的专家顾问、编辑及出版人员表示深深的感谢。同时，祝愿新农村建设之路越走越宽广，祝愿农民朋友的生活越来越美好。

是为序。

中国科协副主席、书记处书记 陈章良

2013年12月

广西壮族自治区副主席黄日波（中）在2013年广西"十月科普大行动"启动仪式上与广西科协党组书记、副主席叶宗波（左）讨论如何更好地开展广西科普工作。

2012年12月，广西壮族自治区副主席蓝天立（右五）深入基层调研科普活动，现场观摩科普活动的开展情况。

　　2011年12月，广西壮族自治区政协副主席李彬（前排左二）出席广西科协举办的广西科普惠农兴村计划优质农产品"农超对接"成果交流展销会，听取相关科普基地负责人介绍发展情况。

　　2013年2月，广西科协党组书记、副主席叶宗波（右二）到南方科技报社考察调研，详细了解农博士答疑系列丛书、家庭健康系列丛书等科普图书出版情况。

2012年8月，广西科协副主席方芳（右四）到崇左检查科普示范县创建工作，详细了解当地甘蔗生产情况。

2012年10月，广西科协副主席朱东（前排右三）和广西科协科普部部长周蕙（左一）参观第22届广西科技大集"蛇文化"科普展，仔细向养蛇大户了解蛇产业发展前景。

2011年12月，广西科协副主席梁春花（右）和时任南方科技报社总编辑江洪（左）参观广西科普惠农兴村计划优质农产品"农超对接"成果交流展销会，认真讨论如何把"科普惠农"工作不断引向深入。

2012年12月，广西科协副巡视员李思平（前排左），南方科技报社社长、总编黎宁（前排右）参观2012广西"科普惠农兴村计划"优质农产品迎新春"农超对接"洽谈展销会，了解科普基地展出的优质农产品。

目录

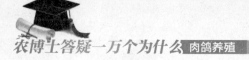

三、良种肉鸽的品种特征

四、良种肉鸽的繁殖

五、肉鸽的选种育种

六、肉鸽的饲料与营养

七、肉鸽的饲养管理

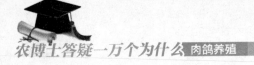
八、肉鸽新技术应用条件与关键技术

九、肉鸽创新模式技术的应用

十、肉鸽产业化生产的组织与管理

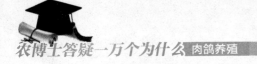
 十一、良种蛋鸽生产技术

 十二、信鸽的饲养和训练

十三、肉鸽疾病诊断与防治

十四、鸽场规划建设

一、鸽子概述

1. 鸽子在分类学上属于什么？其祖先是什么？

鸽子在分类学上属鸟纲，鸽形目，鸠鸽科，鸽属各类的通称。家鸽又统称鸽子，其祖先是岩鸽（俗称野鸽），是人类对岩鸽进行长期驯化而成的。伟大的生物学家、生物进化论的创立者达尔文，通过对 20 多种家鸽的鉴定，证实了那些变化无穷的家鸽都是由一种野生鸽——岩鸽演变而来的，因此，做出了"一切家鸽的品种都起源于野生岩鸽"的论断。

2. 野生岩鸽自然分布在什么地方，生活习性如何？

在自然界的动物群中早就有野鸽，它在鸟类中体型属中型。在欧洲南部、地中海沿岸、中东、印度、朝鲜、中国等地都有野鸽分布。野鸽最初多数分布在海滨地区，栖息于岩石峭壁之间。为了免遭天敌的袭击和能在自然界中生存，形成了野鸽喜欢群居、能自动编成整齐的队伍、在天空中翱翔、"一夫一妻"固定配偶、在海边峭壁上筑巢、栖息、生存、繁殖后代的习性。鸽子没有在树上筑巢、栖息的习性。由于长期在海边生活，受到环境的影响，所以家鸽现在仍然保留着嗜盐和不在树上做窝的特性。

3. 野生岩鸽是怎样演变成家鸽的？后来怎样形成品种繁多的家鸽种类？

古人在狩猎中获取数量较多的岩鸽时，就把一些吃不完的留在部落里饲养。这样，鸽子就伴随着人类生存，不断繁衍，逐渐成为人类饲养动物家族中的一员——家鸽。在人类的长期驯养条件下，饲养者根据自己的爱好、用途，对岩鸽进行长期地选择、培育，使岩鸽已获得的变异通过遗传传给后代，形成品种繁多的家鸽种类。同时，又由于各品种在羽色、生态、性能等方面的差异，形成了许多不同特点的品种，并由此产生了日趋繁多的名称。经过长期的"自然选择"和"人工选择"，逐渐形成现在的信鸽、观赏鸽和肉用鸽三大类。目前，世界三大类家鸽大约有 300 余种，共 1500 多个品系。

4. 地鸽、肉鸽、天鸽、白鸽有什么区别？

以上四种名称是对鸽的不同称呼。地鸽、肉鸽属于一类，天鸽善飞，一般指本地土种鸽和信鸽，白鸽则是广东、福建沿海地区对鸽子的统称，既指肉鸽也指信鸽。

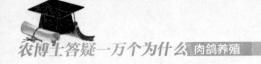

5. 肉鸽有什么营养价值?

鸽肉的蛋白质含量为24.49%,超过了鸡、鸭、鹅、兔、猪、牛、羊等肉类,而脂肪含量仅为0.73%,低于其他肉类(见表1-1)。

表1-1 各种肉类蛋白质和脂肪含量 单位:%

肉类 成分	鸽	兔	牛	鸡	鸭	鹅	猪	羊
蛋白质	22.49	22.05	19.86	18.49	16.50	10.80	14.54	11.10
脂肪	0.73	6.61	7.70	9.34	7.50	11.20	37.34	28.80

鸽肉质细嫩,味道鲜美,是高级的营养补品,所以鸽肉被视为上等佳肴,在我国历史上是宫廷的名菜。现在,我国南方大中城市各大宾馆和名酒家都有炒制美味的乳鸽菜,上千元一桌的宴席少不了乳鸽。随着人民生活水平的提高,在酒家宴会中越来越多地以双乳鸽代替肥鸡。

6. 肉鸽的药用价值怎样?

鸽肉具有较高的药用价值。鸽的骨髓中含有一种特殊的类似鹿茸中的软骨素,能增强人体的结缔组织能力,提高人体细胞活力。实践证明:清蒸乳鸽对神经衰弱、健忘、失眠、梦多、尿多等多种疾病具有特殊功效。常吃乳鸽,可增进食欲,对产妇、手术患者、久病贫血者、输血者和营养不良的儿童,用鸽肉与当归、党参、枸杞等中药炖吃或蒸吃,具有调心、养血、大补的功效;老人常吃鸽肉,可防止血管硬化、预防高血压和心脏病。综合古今文献和各地实践经验,鸽子的药用价值有以下几方面:

(1)鸽是补血的动物,滋补价值高。对贫血病人,包括外伤流血、产后失血、输血者恢复等,以及看书常感觉眼睛疲劳的人,食用鸽肉能促进恢复健康。目前,手术患者常用斑鱼(生鱼)补养,其实用鸽肉补养的功效在斑鱼之上。

(2)鸽肉中含有丰富的泛酸,对毛发脱落、中年早秃、头发变白、未老先衰、贫血和湿疹等多种病症有很好的疗效。

(3)炖老鸽子喝汤,能使人的体力、视力、脑力疲劳迅速恢复;夜班工作人员、报社编辑、作家常炖鸽喝汤有助于恢复体力及增强体质。

(4)鸽肉中含有丰富的血红蛋白、多种维生素和微量元素,含有延缓细胞衰老的特殊物质,对于防止衰老、延长青春有很大效益。另外,鸽肉能促进血液循环,能改变妇女子宫或膀胱倾斜,防止孕妇流产、早产。鸽肉还能改变

男子精子活力减退，防止睾丸萎缩。因此，常吃鸽肉，可治疗性机能衰退和生理阳痿等疾病。

（5）鸽的肝脏含有最佳的胆素，可帮助人体很好地利用胆固醇，使人免除动脉硬化症。常吃鸽肉可防止动脉硬化、治疗高血压等病。

（6）男性阴囊湿疹，瘙痒难受，常吃鸽肉能很快治愈。

（7）鸽肉中的泛酸对医生、邮递员、理发员、售货员及一些体力劳动者常发生的腰腿痛有很好治疗作用，常吃鸽肉腰腿痛可消除。

（8）神经衰弱、记忆力减退、常感到眼眉骨和后脑两侧疼者，常吃鸽肉，疼痛消除，思路清晰，记忆力大增。

（9）鸽肉煲绿豆或土茯苓可治小儿生疮癞，消除热痱，对过敏性风痒也有很好的疗效。

（10）鸽屎也是药。鸽屎可治鸭瘟，用法是按饲料总量的3%～5%的鸽屎炒干捶碎，用温开水浸泡调成糊状拌入饲料（大鸭用稻谷、玉米，小鸭用米饭）拌匀后喂鸭，早、晚各喂1次，连服3天，鸭瘟可治愈。更简便的办法是在鸭舍上搭架，安放鸽笼饲养几对肉鸽，肉鸽拉屎到地上后，让鸭自由采食鸽屎，亦可达到预防鸭瘟的目的。

7. 肉鸽有哪些食疗作用？

乳鸽肉质细嫩鲜美，具有较高的营养价值和药用价值，是纯天然绿色食品和高级补品，具有美容、抗衰老和治疗多种疾病的特殊功能。随着人民生活水平提高，乳鸽正进入普通家庭餐桌。为帮助大家更好认识肉鸽的食疗作用，现将常见食疗进补方法综述如下：

（1）营养滋补，强筋健骨，增进人体机能。乳鸽蛋白质含量丰富，氨基酸组成合理，易于人体消化吸收。多吃乳鸽可使细胞得到充足的营养，新陈代谢通畅。炖鸽子喝汤，可以润肺明目，补虚劳，强筋骨，使体力、视力、脑力恢复。是文职工作人员恢复体力及增强体质的进补佳肴。吃淮山枸杞薏仁鸽子汤，能止痒和治疗皮肤干糙，保持皮肤光滑。吃香菇炖乳鸽，能促进血液循环，防止衰老。

（2）美容养颜，强身健体，常葆青春活力。鸽肉富含各种营养素，其软骨素含量可与鹿茸媲美。常吃鸽子可以增加营养，改善人体机能，使人富有生气，鸽肉和鸽蛋中的胶原蛋白可使人皮肤亮丽，具有常驻青春的功效，还能提高性功能。枸杞炖乳鸽不但美味可口，而且有滋补强身的作用，达到延年益寿的目的。

（3）加快身体康复、促进伤口愈合。红豆鸽子汤富含鸽胶原蛋白，有愈合创伤的作用，加之红豆有补血、退热、消肿的作用，能修复疤痕，促进身体康复和伤口愈合。适合于各类手术后病人康复进补，老人常食可减缓老年斑的出现，保持皮肤光润。

（4）增智补脑，延年益寿。鸽脑中富含脑磷脂，能促进组织细胞内的代谢更新，可延缓脑组织和神经细胞的衰老。常食乳鸽核桃粥能增加体力，思路清晰，记忆力大增。对于脑力工作者和学生以及儿童的智力发育有着重要作用。

（5）促进毛发生长，防止毛发脱落，预防腰腿痛、风湿和神经病。鸽肉中含有丰富的 B 族维生素和泛酸，对防止毛发脱落和腰腿痛等症状有治疗作用，需经常站立者及一些体力劳动者常发腰腿痛症，常吃鸽子可以减缓症状。泛酸还对男性阴囊湿疹有疗效。吃芦笋鸽子汤，可以溶解肌肉中尿酸，加速人体内的尿酸排出，以免存留在体内导致风湿病、神经疼等疾病。常吃芦笋乳鸽汤，可消除疲劳，恢复精力，对运动员和户外工作者作用显著。吃薏仁鸽子汤，可以提神，促进肌肉活动灵活，使血液循环良好，消炎镇痛，并可治疗肿胀，还可消除结石症，尤对胆结石有效。

（6）预防动脉硬化，治疗头晕、高血压和老年哮喘。鸽子肝脏存有最佳的胆素，可协助人体利用胆固醇，且其本身胆固醇含量很低，可降低动脉硬化症等的发病率。药疗方：鸽子与荞麦或荞麦花煮汤或红烧，可以治疗头晕、高血压。因荞麦中含有芦丁和二氨基酸，有轻泄作用，对高血压患者可预防脑溢血中风。治老年哮喘方：用手捏紧鸽鼻，将鸽闷死后拔毛，其细毛用纸烧去洗净，再以热水焯过，放入瓦煲加适量赤米，煮成粥服食。坚持服用，可治愈或减缓症状。

（7）治疗妇女痛经、闭经、不孕等症、防止孕期流产。药疗方：莴苣乳鸽汤，含有大量维生素 E 等，有清血增强排卵之功效，能治妇女痛经和不孕症，兼具明目，治疗失眠及咽喉肿疼等。药疗方：白鸽 1 只，配魔芋（炒焦）、夜明砂、鳖甲、龟板等少许，共炖鸽服，可治痛经和提高受孕率。药疗方：北芪杞子炖鸽，可治疗妇女子宫或膀胱倾斜，防止孕妇流产。

（8）治疗失眠和神经衰弱。药疗方：鸽子炒洋葱，有增强消化、安眠、镇痛的效果，对治疗神经衰弱和失眠症等有显著疗效。

（9）鸽肉煲土茯苓能治疗小孩过敏性风症，鸽肉煲绿豆或煲土茯苓能治疗小孩生疮癣和消除热痱。

（10）肉鸽属于高钙珍禽，其肉、蛋含钙量高于其他禽类和动物，是孕妇、婴幼儿及中老年人补钙的最佳营养品。

8. 发展肉鸽有哪些产业优势？

与其他养禽业比较，饲养肉鸽具有以下 6 大优势：

（1）在品质和安全感上优于其他禽类

肉鸽以颗粒杂粮为主食，搭配喂的颗粒饲料也未含激素类添加剂及各类化学促长剂。因此鸽肉是纯天然的绿色食品。食用乳鸽不仅味道鲜美，而且有较好的安全感，大量食用对人体无害。

（2）生长速度在禽类中最快

以王鸽为例：美国王鸽出壳时体重为 16～22 克，1 周龄 147 克，2 周龄 378 克，3 周龄 446 克，4 周龄 607 克，1 月龄 610 克；杂交王鸽出壳平均体重 19 克，1 周龄 152 克，2 周龄 363 克，3 周龄 600 克，4 周龄 650 克。肉鸽长到 2 周龄时，体重是出壳的 19 倍，而生长比较快的肉用仔鸡，生长到 3 周龄时体重仅是出壳时的 12 倍。出壳 3 周龄的乳鸽可作为优质肉食上市，在所有禽类中生长周期是最短的。

（3）集约化生产方式优于养鸡、鸭、鹅

肉鸽配对以后可以完全实行工厂化笼养。一个人可饲养 900～1300 对。一次购种可连续繁殖 4～6 年。而饲养肉鸡，每批都要进仔鸡，仔鸡价格受到市场制约，加上肉用仔鸡实行笼养后，肉品质低，生产投资大，难赚钱；而鸭、鹅虽然也能集约化生产，但也需每批都购种苗，而且需要水面或草地，场地要求宽，经济效益低。不像肉鸽，能在笼内自繁自养，一次进种，长期繁殖，占地少、成本低、效益高。

（4）生产周期短、营养价值高

目前家养的各种禽类，生产周期缩短以后，肉的品质就变差。饲料鸡、鸭尤为显著，而肉鸽则没有这种现象。乳鸽在 21 天可出栏，肉品的质量在禽肉中却居首位。

（5）可自繁自养。生产与繁殖合为一体

不像饲养鸡鸭每批都要购种苗，或增添繁殖设备。肉鸽生产过程比较简单，适合在农村推广。

（6）生产成本低，经济效益高

除了购种鸽，其他笼具在农村完全可以自制。若是制作铁线笼 1 次可用 10 多年。按 2011 年南宁市场的比价，饲养 1 对良种肉鸽一年纯收入相当于饲养 1 头肉猪或 15 只肉鸡或 25 只肉鸭的经济效益。

9. 发展肉鸽的市场前景怎样？

肉鸽以杂粮为主食，乳鸽是纯天然绿色食品和高级补品。而且在禽类中生产周期最短。随着畜牧业产业结构的调整（由温饱型向小康营养型转移），肉鸽就成为首选的短平快项目。所以，沉寂多年的肉鸽养殖业又开始迅速升温。有人担心，乳鸽市场是不是很快又会饱和，出现卖乳鸽难的问题？专家指出：

不会。因为经过多年的探索和磨炼，国内肉鸽养殖业呈现了三个成熟，即消费市场成熟、高产技术与产业化生产条件成熟、乳鸽产品深加工技术成熟。

（1）国内消费市场趋于成熟

乳鸽肉质细嫩鲜美，具有较高的营养价值和药用价值，素有一鸽赛九鸡的美誉。过去生产乳鸽多数由外贸出口，国内只有中高档饭店才消费得起。现在随着人民生活水平提高，乳鸽正进入普通家庭餐桌。据最新市场信息，港澳及广东市场年销售乳鸽 3000 万只，其中港澳市场需求量 1500 万只，自给率仅 200 万~300 万只，需进口 1200 万~1300 万只，内地销往港澳市场约 500 万只，尚缺 700 万只。广西最高年出口 170 万只，广东出口仅 50 万只，而广东自身消费尚缺 500 万~600 万只。

（2）高产技术与产业化生产条件成熟

经过多年探索，肉鸽生产的科技含量已逐步提高。现在我国已经培育出一批适应我国生产水平的肉鸽优良品种。这些品种具有个体大，耐粗饲、繁殖快，母性好、适应性强、高抗病等优点。大群饲养 1 对种鸽 1 年平均产仔数由原来 7~8 对上升到 9~10 对。单个乳鸽离窝体重由原来 450~500 克上升到 550~650 克。由原来 1 个人饲养 500~750 对上升到 900~1300 对，高的可达 1500 对。

（3）产品深加工技术趋于成熟

目前国内开发的乳鸽食谱已有 700 多种，成鸽、鸽蛋食谱有 200 多种。以鸽为原料制成的药品、药酒、营养口服液 30 余种，乳鸽深加工食品 20 多种。正在开发的有乳鸽速冻小包装保鲜食品，乳鸽儿童营养配餐、乳鸽旅游观光系列食品等 10 多个品种。随着肉鸽产业链的延伸，市场对乳鸽的需要量越来越大，专家预测，乳鸽生产发展到鸡鸭的规模至少还要 20 年时间。

目前肉鸽养殖业仅在我国南方及东部沿海少数省区发展，内地及北方省区还有较大发展空间，饲养肉鸽的市场前景十分广阔。

10. 人工生态养鸽基本要求是什么？

（1）鸽场选址要求。远离村庄 1000 米以上，远离江河、沟渠、池塘、沼泽地 100 米以上。必须在池塘边建鸽场的要有生物灭蚊措施。

（2）鸽场绿化有利保健。鸽场绿化有利于夏天降温，冬天挡风，平时有利保健、防蚊、灭鼠。

（3）生产区无低矮作物及花草。禁止在鸽舍中间和周边空地种瓜菜等低矮作物及花草。否则不利于防蚊、灭鼠。

（4）鸽舍通风透光。鸽舍自然采光，通风透气，冬暖夏凉。

（5）污水无害化处理。建设沼气池处理污水，生产沼肥和生物能源。

（6）鸽舍地面要求。鸽舍地面不建暗沟，明沟排水，不留污水，以利防疫。

（7）混合杂粮与颗粒饲料搭配喂养。维持原生态，混合杂粮与颗粒饲料搭配喂养，保证鸽肉品质不变，药用价值不降低。

（8）生态养鸽灌喂宜在8日龄以后进行。让乳鸽吃够初乳是人工生态养鸽的重要环节。推广灌喂的，宜在8日龄以后进行。1~8日龄由亲鸽哺乳，可增强免疫力，并保证乳鸽前期的生长速度。

（9）青年鸽离地网养。离地网养，网内有足够大的运动场，让留种鸽充分运动，性腺才能良好发育，避免种鸽繁殖能力退化。

（10）乳鸽安全上市。确保上市乳鸽肉质无有害添加剂和抗生素污染，采用生物防治。防治鸽病大群投药以中草药和益生素为主，个别重症治疗才用抗生素。

二、鸽体构造及生理特征

11. 肉鸽有哪些生理特征?

（1）晚成鸟

幼鸽出壳之初，眼不能睁，腿不能站，无觅食能力，体表只长有少量绒毛，缺乏体温调节能力。必须在亲鸽的抱孵和哺喂下才能生存。1周龄前亲鸽用嗉乳（嗉囊分泌的乳状物）哺喂，1周龄后，逐步变为用半消化食物哺喂，2周后逐步变为用浸涨的食物哺喂。通常情况下，4日龄后幼鸽睁眼，2周龄后逐步生长羽毛，3周龄后开始学习觅食，4周龄后才能脱离亲鸽哺育，独立生活。

（2）具有"双重呼吸"和"双重血液循环"的特点

肉鸽与众不同的是它具有与肺气管相通的气囊系统。当吸气时吸入的新鲜空气大部分经过缩着的肺进入后气囊，少部分进入副支气管和细支气管，直接与血液进行气体交换；同时前部气囊扩张，接受来自肺的空气（上次呼吸时吸入的）。呼气时，后部气囊的空气流入肺内，到达呼吸毛细管进行气体交换；前部气囊的空气进入支气管排出体外。这种一次吸入气体经两个呼吸周期排出体外的现象称为"双重呼吸"。此外，肉鸽除了用肺和气囊进行新陈代谢的功能外，它还可以通过肾脏进行血液循环。这种"双重呼吸"和"双重循环"的特点，使它的耗氧量达最低消耗，使信鸽能在空气稀薄的高空千里飞行；它的双重循环系统使机体能迅速调整体表温度，以适应外界环境，使它能抗严寒、耐高温，能在 +40 ～ -40℃生存。

（3）有规律地更换体羽

肉鸽初生时只长有少量绒毛，1周龄后翼羽和尾羽萌发，2周龄后体羽开始萌发，绒毛开始脱落，4周龄羽毛基本形成。6周龄开始脱换幼鸽期生长的羽毛，6月龄前后第1次换羽结束，标志着肉鸽成年。进入成年期的肉鸽在每年夏末、秋初有规律地换羽1次。

①主翼羽。主翼羽是从靠近体躯的第1根开始向外脱换，大约每半个月脱掉1根，左右两侧的同一根羽毛几乎是同一天脱掉。

②副翼羽。副翼羽脱换是从靠近主翼羽的第1根向内脱换，脱换的时间性和规律性不强。

③尾羽。尾羽脱换同主翼羽一样，具有很强的规律性。最先脱落的是第5

根尾羽，其次是第 6 根尾羽，有的是第 5 和第 6 根尾羽同时脱落。此后是第 1 尾羽，第 1 尾羽之后是第 4 尾羽，最后是第 2 尾羽脱落，左右两侧尾羽脱落时间基本一致。

④其他羽毛。通常第 5 根主翼羽脱落时，覆在身体上的小羽开始更换，第 6 根主翼羽脱换时，副翼羽和覆羽更新。第 8 根主翼羽脱换时，全身其他羽毛基本更换结束。

（4）嗜盐，喝海水

家鸽的祖先是岩鸽，生活在海边，有喝海水的习惯，家养以后，不得喝海水了，特别喜欢吃海盐。根据鸽子的这一生理特征，可以用盐作为它的诱食剂，用盐水拌粗粮，鸽很爱吃。

（5）能定位导航，从千里以外归巢

鸽子的头颅含有磁铁成分，磁性细胞体内的含铁量要比一般细胞高出 9 倍。鸽子的头颅上的磁性细胞集中在眼内颅的一处"突起"，称为磁骨，这块磁骨能测量地磁场的变化。鸽子就是利用地磁感应导航，也称为"生物罗盘"，能准确定位，找到回家的路线，实现从千里以外归巢。

（6）鸽子没有胆

俗话说胆小如鼠，鸽子连胆都没有，所以对环境恶劣影响或者受到突然打扰，鸽子都会惊恐不安，比其他的动物更容易发生应激反应。

12. 肉鸽有哪些外貌特征?

肉鸽具有结实的外形，灵活秀美的体姿，肌肉特别发达的胸部，胸宽背圆的肉用体征。从外貌上看可分为头、颈、体、翼、下肢几大部分。

（1）头部

肉鸽头部虽小，但它是嘴、鼻、眼、耳等重要器官的支撑部位，其外形近似长方形，顶部较平，下端与颈相连，嘴位于头的前端，鼻位于嘴上方基部，两眼位于头两侧，两耳位于眼的后上方。

（2）颈部

肉鸽颈部短而粗，上连头部下连体躯，其间由 14 节颈椎组成。肉鸽颈部特别灵活，可使头部转向 180 度。幼年时颈部羽毛与其他部位羽毛颜色无大差异，2~3 月龄换羽后，颈部羽毛颜色加深（白色除外）光泽增加，变得绚丽多彩。

（3）体躯

体躯由背部、胸部、肋部和腹部组成。背部位于双翼之间的上方，前端与颈相连，后端与尾相接。胸部位于颈部下端，腹部前方，由两块发达的胸肌组成，中间由龙骨支撑，两侧由肋骨支撑构成肋部。腹部位于背部之下，胸部后端与耻骨之间，是消化器官和生殖器官的保护层。

（4）翼部

翼部分为左右两翼，着生于背部前方双侧，呈"乙"形，由肢骨、肱二头肌、肱三头肌、翼膜羽毛组成，是飞翔的主要器官。飞翔时双翼展开，振动前行；地面活动时两翼紧紧收缩于体躯两侧。

（5）下肢

肉鸽下肢由腿部和脚部组成，双腿位于腹部后下方，分大腿和胫两部分，脚由四趾组成，趾端长有角质化的趾甲。腿和脚表面均着生有角质化的鳞片，这种鳞片会随着年龄增长而变硬变粗糙，可作为年龄鉴别依据之一。

（6）尾部

肉鸽尾部位于体躯后方，由尾椎、尾脂腺和 12 根尾羽组成。地面活动时尾部平直或略微上翘，飞行时可根据需要变化，其主要功能是在飞行中使身体保持平衡，降落时减速。

13. 怎样识别鸽身体各部分名称？

以美国肉用银王鸽为例（见图 2-1）。

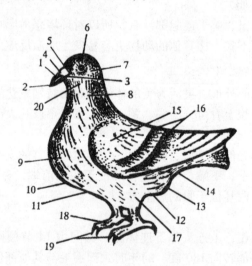

图 2-1　肉用银王鸽身体各部分名称

1. 嘴甲（喙），2. 口，3. 嘴角，4. 鼻，5. 鼻瘤，6. 眼，7. 耳，8. 颈，
9. 前胸，10. 胸，11. 龙骨（胸骨）部，12. 腹部，13. 耻骨部，14. 尾根，
15. 翼，16. 灰二线，17. 腿，18. 趾，19. 趾甲（爪），20. 喉头

14. 肉鸽羽毛有什么特点?

羽毛是着生于鸽体皮肤毛囊基部的皮肤衍生物,由角蛋白等组成,被覆体表,具有调节体温、保护皮肤以及飞行、防水等功能。

羽毛依据其结构和作用分为绒毛、绒羽、丝羽、正羽四大部分。

绒毛,状如头发,但很柔软,黄色,是 5 日龄内的初生幼鸽的羽毛。绒毛随着幼鸽长大而逐渐脱落,3~4 周龄时,仍可在头、颈部见到少数黄色绒毛,因而可根据这个重要特点来识别乳鸽是否是 1 月龄。如果黄色绒毛已经消失,说明已不属于乳鸽了。

绒羽,在正羽下方,鸽体两侧的绒羽特别多,呈棉花状,构成松软的保温层。绒羽的结构特点是羽轴纤细,含有大量蜡粉,使羽毛不易沾水,利于身体保温。

丝羽又叫纤羽。外形如毛发,杂生在正羽和绒羽之中。不同品种肉鸽的毛状羽的数量和长度都是不一样的。

正羽,是着生在鸽体表的大片羽毛,由中央中空的羽轴和两侧扁平扩展的羽片组成,羽轴下段深入皮肤毛囊中的为羽根。根据着生部位不同,正羽可分为翔羽和体羽,着生于翼部的为翼羽,着生于尾部的为尾羽,覆于背、腹的为覆羽,遮于耳孔的为耳羽,又可分为主翼羽和副翼羽,前者着生于掌骨上,后者着生于前肢骨上。

鸽体羽毛中除绒毛是幼鸽特有外,其他羽毛混生于鸽体表面,这些羽毛会随年龄及季节不断更新。

15. 肉鸽骨骼系统有什么特征?

肉鸽经过长期驯化及选育,其飞翔能力降低。但它的骨骼系统仍保留了鸟类的特点——骨细、质轻,肱骨占全身骨骼重量的1/16,羽毛的1/2。肱骨中空无骨髓,与气囊相通,飞翔时可充气,有利于飞翔。肉鸽骨骼系统由头骨、躯干骨、肢骨三大部分组成。头骨由圆形颅腔、面颅骨、脑颅骨和上下颌骨组成,骨质轻,各骨块内有蜂窝状孔隙和气腔,它们相互愈合成一体;躯干骨包括脊柱肋骨和胸骨。脊椎内又分为颈椎、胸椎(每一胸椎均与肋骨相连)、荐椎和尾椎(尾椎最后完全融合成一大块,称为尾综骨,它是尾羽的支架)。鸽子的脊柱仅在颈椎之间活动性较大,胸骨是一块大型骨片,在胸骨腹面中央线上有一条纵嵴突起叫龙骨,供胸部肌肉附着。由胸椎、肋骨和胸骨共同构成胸廓,保护着内脏;骨由前肢骨和后肢骨组成,前肢骨包括翼骨和肩带骨,后肢骨包括腰带骨及腿骨。

16. 肉鸽消化系统有什么特点?

肉鸽的消化系统由嘴、食道、嗉囊、胃、肠、泄殖腔、肝脏及胰脏等器官组成。具有摄取、运送、消化食物,吸收和转化养分,以及排泄废物等作用。

(1) 嘴和口腔

肉鸽嘴由上下颌延伸出的上下喙形成,喙与咽喉之间为口腔,口腔没有牙齿,由嘴唇与软腭构成。嘴是鸽子摄食的唯一工具,口腔内具有分泌唾液的作用。当鸽子进食时口腔唾液腺就会分泌大量唾液,一方面润滑食物以利下咽,另一方面软化食物以利消化。

肉鸽口腔中包括舌,舌长而狭成三角形,舌尖呈软角质化,有味蕾,具有挑拣食物和引起食欲之作用。

肉鸽嘴的最大特点是下喙可以侧向扩展,增大口腔容积,能增加食物贮存量。乳鸽在接受亲鸽哺喂和摄入食物时可减少浪费,这种特点是其他鸟类所没有的。

(2) 食道与嗉囊

肉鸽口腔下部管道为食道,食道下部与胃相连的膨大部分称为嗉囊。食道是食物进入鸽体的必经通道,无消化作用。但是,当鸽子摄食时,食道会不断蠕动,将食物送入嗉囊。嗉囊是食物进入胃之前的临时“贮备库”它具有发酵、软化食物的作用。

幼鸽的嗉囊特别发达,充满食物后的体积可超过躯干部分。成年鸽嗉囊的最大特点是可以收缩,使食物逆流而出。进入孵化期的亲鸽在孵化到第16天后,嗉囊就会分泌一种乳白色糊状物——“鸽乳”。幼鸽生长到第10日龄前后,嗉囊的这种分泌功能自动消失。亲鸽哺喂幼鸽时,嗉囊会强烈收缩,将鸽乳或软化食物呕出哺喂幼鸽。

(3) 胃与小肠

肉鸽的胃上连嗉囊,下接小肠,分为腺胃和肌胃。腺胃的特点是壁薄,能分泌盐酸、胃蛋白酸和胃蛋白酶,对食物中的营养进行初步分解。肌胃具有较厚的肌肉壁和角质膜内层,其主要功能是磨碎、消化食物。它的主要特点是消化能力强,速度快。肉鸽的小肠包括十二指肠、空肠和回肠。平均长度为95厘米。小肠内壁有十分丰富的肠腺,能分泌多种消化酶,同时有来自肝脏、胰脏的分泌物,对各种食物进行生化分解。另外,小肠内壁的黏膜上有大量的绒毛,有吸收各种营养物质的功能。

(4) 大肠与泄殖腔

肉鸽大肠由直肠和盲肠组成,直肠紧连小肠之后,只有3~5厘米长,不能贮存粪便,因而减轻了体重,这是鸽子适应飞翔生活的结果。在小肠和直肠交界处有一对中空的小突起，为肉鸽的盲肠，有吸收水分和盐类的作用。

肉鸽直肠末端的膨大部为泄殖腔，它是粪、尿和生殖交配的共同通道。泄殖腔的背侧是腔上囊（法氏囊），比泄殖腔大，有繁殖淋巴细胞和消灭细菌的功能。这些特征只有在乳鸽期可以看到，随着肉鸽年龄的增大法氏囊慢慢萎缩，到成年鸽时只留有痕迹。泄殖腔的出口是肛门，肛门的上下缘形成背、腹、侧肛唇。15日龄以前的乳鸽可清楚地看出肛唇的形态。根据雌雄乳鸽的肛唇形态，可早期区分性别。

（5）肝脏和胰脏

肉鸽肝脏是全身最大腺体，重约25克，占体重的5%左右，分左右两叶，左叶小，右叶大。肝脏是一个多功能器官，除分泌胆汁外，还具有调节血糖、贮存肝糖、形成尿素、分解有毒物质等生理机能。进入鸽体的营养物质，大部分经肝门静脉入肝，在肝内经过改造后贮存于肝细胞中，当机体需要时释放入血液中，供机体细胞使用。此外，肝细胞还能合成血浆中的蛋白，合成和贮存维生素，排泄废物（胆色素和尿素），它分泌的胆汁进入小肠后，能激活胰脂酶，并使脂肪乳化以提高胰脂酶的作用。

肉鸽属无胆囊动物，肝脏分泌的胆汁直接进入十二指肠发挥消化脂肪的作用。

肉鸽胰脏着生于十二指肠"U"形弯内，呈灰白色，是一个比较狭长的腺体，分为背、腹、脾三个侧叶。

胰腺是实心的腺体，它的外分泌部所分泌的胰液含有胰蛋白酶、胰脂酶、胰淀粉酶等。胰液通过输出管流入十二指肠，与肠液共同消化淀粉、脂肪、蛋白质等食物。内分泌部所分泌的胰岛素和胰高血糖素，具有调节体内糖合成、分解与血糖升降的功能。

17. 肉鸽呼吸系统有什么特点？

肉鸽呼吸系统由鼻腔、喉、气管、气囊和肺组成。其主要功能是吸入新鲜空气，排出废气，散发体热。新鲜空气经呼吸系统进入体内供机体代谢，机体代谢所产生的二氧化碳废气再经呼吸系统排出体外，与此同时部分体热也随废气排出体外，起到调节体温的作用。

鸽子呼吸系统最大的特点是发达的气囊系统与肺气管直通，使它具有特别的双重呼吸方式：吸气时，空气经肺进入气囊，呼气时，空气则由气囊又一次回到肺脏后排出体外。

（1）鼻腔

肉鸽鼻腔是感受嗅觉的部位，也是空气入肺的起始部。鼻腔的黏膜富有血管，并有腺体。当空气通过鼻腔时，可以使空气温暖、湿润和除尘，减少对肺部的刺激。

（2）喉与气管

肉鸽的喉头位于咽的后部，与气管相接。喉与气管以声门为界，分前后二喉，其状如纵沟裂，在固有肌作用下行使张、闭作用，吞咽时也由此肌肉作用而闭合，周围黏膜上布满乳头，可防止水或食物误入气管。

肉鸽气管是一圆形管道，管壁由许多软骨环及黏膜、纤维弹性膜构成，平均长度约 12 厘米。气管分左右支气管，沿颈部腹侧进入胸腔后，在心脏上端分别进入左、右肺进行呼吸循环。

（3）肺

肉鸽的肺为海绵组织，呈粉红色，分左右二肺，上连支气管，并有开口通到各气囊。肺的背壁紧贴于体腔背部的肋骨之间，腹面盖有一层胸膜。气管分出支气管，支气管再分出许多细小的分支到肺，这些分支被肺微血管网的微血管所包围，构成鸽子肺的基本呼吸单位。

18. 鸽肺的延伸部分——气囊有什么特点？

气囊是鸟类特有的呼吸器官，与肺部相通，共有 9 个，其中颈气囊 1 对，锁骨间气囊 1 个，腹气囊 1 对，前胸气囊 1 对，后胸气囊 1 对。颈气囊由肺前缘发出，位于嗉囊的背侧、颈基部的两侧；锁骨间气囊自肺部上方发出，位于两锁骨之间、食道的下方，它分出分支进入胸肌、肱骨和腹部，分别形成 3 对分支的气囊；腹气囊是气囊中最大的 1 对，位于腹部内脏间；前胸气囊位于胸腔中部、肺的下方；后胸气囊位于胸腔内、前胸气囊之后、腹气囊之前。

肉鸽气囊具有特殊作用：一是飞行时，全身气囊充满气体，有利于快速飞行；二是气囊充满气体后，使内压增加，减少内脏器官相互摩擦损伤；三是通过气囊吸入的 3/4 空气用于冷却、散热；四是雄鸽睾丸紧靠腹气囊，使其处于恒温之中，以利精子正常发育。此外，由于气囊作用使肺有二次气体交换机会，从而体内可获得充足氧气。

19. 肉鸽泌尿系统有什么特点？

肉鸽泌尿系统由肾脏和输尿管组成，是机体重要的排泄系统，机体代谢产生的尿酸、盐类和有毒物质均由此系统排出体外。

（1）肾脏

肉鸽肾脏比较大，为长方形扁平体，占体重的 1%～2.6%，呈暗褐色，质软而脆，分左右两肾，位于腰荐骨两侧，每个肾分前、中、后三叶。整个肾由无数的排泄单位——肾小体构成。肾小体由肾小球和细尿管两部分组成。细尿管的一端扩大，凹陷成双层囊，内有由微血管盘绕成球状的肾小球。细尿管把肾小球收集的尿液汇集到较大的收集管，许多收集管形成一个锥体形的髓部，再汇合成肾盂通入输尿管。

（2）输尿管

输尿管为一对白色细管，分别由肾脏的腹面发出，沿着肾的内侧后行，开口于泄殖腔顶壁两侧。由肾脏排出的尿液经输尿管排入泄殖腔，同粪便一同排出体外。

20. 肉鸽生殖系统有什么特点？

肉鸽生殖系统与其他禽类相同，因性别不同而各异。雄鸽生殖系统由睾丸、附睾、输精管和贮精囊等组成；雌鸽生殖系统由卵巢和输卵管组成。雄鸽无交配器，雌雄鸽交配时无插入行为，交配靠雌雄鸽肛门内的唇状突起开口相互吻合完成受精。

（1）睾丸

雄鸽睾丸对生、白色、卵圆形，位于腹腔内肾脏腹面的前缘，被睾丸系膜连接在肾脏前下方。睾丸的大小随季节不同而变化，生殖时期膨大，且左边的比右边的大。睾丸内有大量的曲精细管，精子即在此产生。曲精细管之间有成群的间质细胞，能产生雄性激素，促进雄鸽的发育和增强其生殖能力。

（2）输精管

雄鸽输精管是一对弯曲的细管，沿输尿管的外侧后行，在进入泄殖腔前膨大成贮精囊，末端形成射精管，呈乳头状开口于泄殖腔。睾丸内产生的精子先输入附睾区贮存，成熟后再排入输精管进入贮精囊，当公母鸽交配时，精子即从射精管的乳头状开口射入雌鸽阴道。

（3）卵巢

雌鸽卵巢呈黄色，左侧卵巢发育正常，具有生理机能，右侧卵巢随年龄发育而萎缩，失去生理机能。左卵巢以短的卵巢系膜附着于左肾前部及肾上腺腹侧，未成年雌鸽卵巢很小，呈扁平椭圆形，性成熟后卵巢因卵泡突出而呈一串葡萄状。卵巢除产出卵子外还可分泌雌性激素。

（4）输卵管

雌鸽输卵管同样只是左侧的充分发育，具有生理功能。幼雌鸽输卵管是一条细而直、壁很薄的管道，随着年龄增长而逐渐增厚、加粗，成为长而弯曲的厚壁管道。前端以喇叭状薄膜开口对着卵巢，后端开口于泄殖腔。输卵管可分为喇叭口（漏斗部）、蛋白分泌部、峡部、子宫和阴道5个部分。输卵管是卵子受精和形成鸽蛋的地方。

21. 肉鸽循环系统有什么特点？

肉鸽循环系统包括血液循环和淋巴循环两大系统。血液循环系统由心脏、血管和造血器官组成，其主要功能是通过血液的往复循环输送新鲜氧气和来自消化系统的营养物质，排出二氧化碳和代谢产生的废弃物；淋巴循环系统由淋巴管道、淋巴器官、淋巴组织和淋巴液组成，它是机体的主要防卫系统。

（1）心脏

心脏是血液循环的中枢。它位于胸腔的后下方，由心肌组成。心脏内有4腔，分别称为左、右心房和左、右心室，同侧的房室相通。心脏内有瓣膜，在心脏搏动时能防止血液倒流。心脏外面包裹着一个薄的浆膜囊，称为心包。心包内含少量心包液，有减少摩擦的作用。心脏上部有一周围环绕的沟，称为冠状沟，沟内通常有一圈脂肪。心脏的搏动具有节律性，是血液循环的动力。肉鸽的心跳频率140~400次/分钟，如在惊恐或飞翔时，则要大大加快。

（2）血管

血管由动脉、静脉和毛细血管三部分组成。动脉是新鲜血液由左心室流向身体各部位的主干血管，它从左心室发出后，先发出两条动脉通到头部及翼部，然后向右弯曲，绕到心脏的背面，再沿着脊柱伸向后方，在腹腔发出分支到内脏各器官，这条背大动脉最后分成两条股动脉进入腿部；静脉是机体各部位和器官代谢后血液回流右心室的主要血管，它一端连接毛细血管，陆续汇集小、中、大静脉与右心房相接；毛细血管是广泛分布于机体各部位的、管径极细的血管，它一端连于小动脉，另一端与小静脉相接，是血液和组织间物质交换的重要场所。

（3）造血器官

肉鸽的造血器官包括腔上囊、脾脏和骨髓三大部分。腔上囊分皮质部和髓质部，皮质部含小淋巴细胞，髓质部含圆形核大细胞。其功能有体液免疫，循环中抗体的合成，也是产生B细胞的初级淋巴组织器官；脾脏位于腺胃和肌胃交会处左侧，长柱形，呈棕红色，约占体重的0.5%。它外有结缔组织伸入脾脏内形成小梁，互相有网状组织，网状组织内含有脾髓、红髓，分布在血髓四周。脾脏具有淋巴组织、红细胞、浆细胞和吞噬细胞，具备造血、滤血和免疫功能；骨髓存在于骨中，幼鸽骨中充满骨髓，随着鸽龄增长，骨髓逐步衍生为骨内膜和骨组织，骨髓腔变为气室与气囊相通。骨内膜分出疏松结缔网状组织，具有制造红细胞、白细胞和血小板的功能。

（4）淋巴管

淋巴管的结构与静脉管相似。可分为毛细淋巴管、集合淋巴管和淋巴导管。毛细淋巴管以盲端起始于组织间隙，由一层内皮细胞组成，其通透性比毛细血管大。集合淋巴管由毛细淋巴管汇集而成，在延伸途中通过若干淋巴结。淋巴导管是由集合淋巴管汇集而成的较粗管道，位于胸腔，直接注入静脉。

（5）淋巴结

淋巴结遍布全身，大小不一，多呈豆状或扁椭圆形。它外有被膜，内有淋巴小球，是产生淋巴球的地方。淋巴球是重要的防御细胞，它产生后随淋巴液经淋巴管进入血液，起防御作用。

（6）淋巴组织和淋巴液

鸽体淋巴组织比较丰富，广泛分布于机体许多器官，具有局部免疫作用。淋巴液是无色或微黄色液体，由组织液渗入淋巴管道形成，含淋巴浆与淋巴细胞。

22. 肉鸽生命分几个时期？

肉鸽的寿命因品种、性别不同而异。正常情况下其寿命可达 10～15 年，雄鸽寿命略高于雌鸽。根据不同生长发育规律，可将肉鸽一生划分为六个时期。

（1）乳鸽期

通常，幼鸽出壳到离巢（4 周龄）要在亲鸽哺喂下才能生存，而且哺喂前期所喂鸽乳与哺乳动物的乳相似，故将这个阶段称为乳鸽期。这个时期是乳鸽逐渐适应外界环境的重要时期，又是乳鸽快速生长发育的重要阶段。幼鸽出壳之初体软不能站立，眼睛紧闭，无采食能力，全身只长有部分绒毛，调节体温的能力很差，只有在亲鸽的抱孵和哺喂下才能生长发育。这一时期幼鸽的特点是食量大，生长速度快。据笔者测定：1 日龄幼鸽日饲喂量为 7 克；3 日龄即达到 18 克；4 日龄后日饲喂量几乎是体重的 1 倍多；初生幼鸽体重只有 17 克左右，1 周龄体重 160 克，2 周龄体重 440 克，4 周龄体重达 500 克以上，是初生幼鸽体重的 29.4 倍，几乎每天增长初生时体重的 1 倍。

（2）童鸽期

肉鸽离巢到 6 周龄前为童鸽期。这一时期的鸽子身体比较弱，易患病，飞翔和采食能力差，应特别加强饲养管理，每日喂 3～5 次，多喂小颗粒饲料。

（3）青鸽期

通常 7～10 周龄为青鸽期，该时期鸽子体重变化不大，进入第 1 个换羽期，身体抵抗能力下降，易感染疫病。应加强管理，预防疫病发生。

（4）性成熟期

肉鸽 10 周龄后逐步进入性成熟期，此时期因品种和个体差异而不同，短则 3～4 月龄即配对进入繁殖期，长则 6 月龄尚不能配对繁殖。这一时期鸽子的体质迅速增强，生殖系统发育加快。开始择偶配对。

（5）繁殖期

此时期是肉鸽一生最长、最重要的时期。从配对开始繁殖到繁殖能力衰退，一般可持续 5~7 年，长者可达 10 年之久。这一时期的鸽子身体各器官均已发育成熟，体质强壮，最能发挥生产性能。故应在保持鸽体健康的基础上，尽可能充分利用它的育种价值和经济价值。

（6）老龄期

肉鸽繁殖能力衰退后，代谢能力、饲料利用率和生产性能逐渐下降，失去饲养价值，除个别优秀个体外应及时淘汰。

23. 肉鸽的生理常数是多少？

肉鸽属恒温动物，个体比较小。其特点是平均体温高、心跳快（表 2-1）。

表 2-1　肉鸽生理常数

项　目	正常范围
体温（℃）	40.5~42.0
心跳次数（次/件）	140~240
呼吸次数（次/分）	30~40
每百克体重血量（毫升）	8
红细胞总数（万/毫米³）	320
血红蛋白浓度（克/分升）	12.8
自细胞总数（千/毫米³）	1.4~3.4
自细胞分类计数（%）	
嗜中性粒细胞	26~41
嗜酸性粒细胞	1.5~6.8
嗜碱性粒细胞	2~10.5
淋巴细胞	（大淋巴）0~32.1
	（小淋巴）27~58
大单核球	3.0
凝血时间（秒）	23~34

注：据《养肉鸽》，张裕南编著

24. 肉鸽的生活习性怎样？

鸽子在进化过程中，由于外界环境的影响，逐步形成了许多与环境相适应又有别于其他家禽的生活习性。下面重点介绍肉鸽的生活习性。

（1）"一夫一妻"制

肉鸽是严格的"一夫一妻"制的鸟类。成鸽对配偶是有选择性的，性成熟后的种鸽，必须经过"恋爱"，配对后才能繁殖。青年种鸽配成对，生产 2~3 窝仔以后，配对才稳定。一旦形成固定配对就永不分离。肉鸽的寿命可长达 15～30 年。

（2）争巢

早熟品种的雏鸽发育到性成熟需要 4 个多月的时间，发展到体成熟需要半年。发育成熟后雄鸽性情狂躁，凶猛好斗，迫不及待地寻觅巢房。如果两只雄鸽争夺一个空巢，便会颈毛倒竖，斗打不休，直至战败者悻悻飞走，得胜者便伏在空巢内发出"唔－唔－唔"的叫声。

（3）求偶

肉鸽在白天任何时候都可以交配，但以清晨为好。每当晨曦初露时，雄鸽鸣叫求偶就达到高潮。这时雄鸽尾羽展开下垂，发出"喔－喔－喔"的长鸣声，围绕雌鸽打转，不断撩拨雌鸽。雌鸽尾羽也展开扫动，并发出"咕—咕"的短促叫声。同时可见到雌、雄鸽亲吻，接着就是雌鸽缩脚伏地，等待雄鸽爬到背上进行交配。

（4）营巢

雌、雄鸽交配后 6～7 天，便开始营巢。雌鸽伏在巢内，雄鸽衔稻草交给雌鸽垫窝，2～3 天后营巢完毕。雄鸽不停地用嘴啄赶雌鸽，不让它在巢外久留，赶着雌鸽去下蛋。

（5）孵化育雏

肉鸽第 1 天上午产 1 个蛋，第 2 天下午又产 1 个蛋，当产完第 2 个蛋时，即开始孵化。雌、雄鸽互相孵化，雌鸽在下午 5 时至第 2 天上午 9 时孵，雄鸽于上午 10 时至下午 4 时抱，换班时间发出"嗯嗯嗯"的短促轻鸣。有时在白天，倘若雌鸽发现雄鸽离巢片刻，它马上去接替孵蛋，互相配合得很好。孵化 18 天后孵出小鸽。肉鸽是晚成鸟，刚刚孵出的雏鸽身体软弱，眼睛睁不开，自己不会行走和采食，需要亲鸽嘴对嘴哺喂，雏鸽要在出壳后 1 个月才能独立生活。

（6）逐巢

雏鸽长到 1 个月左右就要离巢独立生活，如果这时有的雏鸽不愿离窝，继续要亲鸽哺喂，亲鸽便开始驱赶它们。雏鸽一旦进入巢内便会遭到亲鸽的迎头痛啄，好似不曾相识，经过反复驱赶，雏鸽只好恋恋不舍地离开母巢，开始独立生活。

（7）对饲料的适应性

肉鸽常以植物种子如玉米、豆、麦、稻谷等的籽实为饲料，一般没有吃熟食和粉状饲料的习惯。但有人用米糠拌饭来喂肉鸽，结果肉鸽也能适应，而且生长正常，只是繁殖力较差。在广东顺德，有人发现食品加工场饲养的肉鸽，常飞到地面啄食失落的小虾子和碎肉。可见在特定条件下，肉鸽也能适应新的饲料。根据肉鸽的营养需要，用动植物蛋白质饲料加矿物元素、多种维生素等配置成营养丸来哺喂乳鸽，可以培养出一代比一代大的良种鸽。

（8）条件反射

条件反射是肉鸽在后天生长过程中形成的，而且是在无条件反射的基础上建立起来的。如果饲养员在每次喂鸽时都发出某种呼叫声，经过一段时间后，只要饲养员发出这种呼叫声，肉鸽就会飞来待食。因为肉鸽对饲养员的呼叫声产生了条件反射，把这种呼叫声当作进食的讯号。相反，有的饲养员平时对肉鸽很粗暴，也可以使肉鸽产生条件反射，一看见这个饲养员进入鸽舍，肉鸽就惊慌乱飞，纷纷逃避。

（9）记忆力

肉鸽的记忆力很强，对方位和巢箱的识别以及对仔鸽的记忆力尤其深刻。有人把远方带来的一对成鸽养在新巢箱内，几天以后不小心打开了巢箱，结果它们飞回远方的"老家"去了。

（10）警觉性

肉鸽的祖先在自然界生存的斗争中，逐步形成较高的警觉性。在家养的条件下，如果肉鸽的巢箱设置不当，经常受到猫、狗、鼠、蛇等天敌的侵扰，肉鸽便不再回巢，宁愿夜间栖于屋檐、楼宇或巢外栖架上。鸽舍内如果经常出现夜响、强光，肉鸽就会不安，特别是在夜间，响声和强光照射会引起鸽群骚乱。这种情况在饲养管理中是应该特别注意的。

25. 了解肉鸽的生活习性，与养好鸽有何关系？

鸽在进化过程中，由于外界环境的影响，逐步形成许多与环境相适应而又有别于其他家禽的独特的生活习性。

鸽的科学饲养管理措施就是根据鸽的生活习性制定出来的，初学养鸽者一定要熟知鸽的各种习性，在饲养管理上尽量满足鸽的要求，使鸽生活得习惯。如雌雄对等配成对，有足够的巢房、巢草，有充足的食盐、保健砂、饮水，鸽舍通风、透光、干燥、凉爽，有运动场，热天经常有水浴等。只有为鸽创造了良好的生活环境，才能把它养好。

26. 鸽子怕热、怕冷、怕日晒雨淋吗？

鸽耐寒也耐热。在我国南方，实践证明，大暑天鸽繁殖较差，而冬天鸽繁殖却不受影响，只是繁殖期巢房不能让北风吹。鸽喜欢晒太阳，但孵蛋的巢盆不能长时间晒太阳。鸽子喜欢洗澡，但被雨淋后容易感冒。这是在饲养过程中要特别注意的。

27. 鸽淋雨会生病，为何洗澡不生病？

鸽有水浴的习惯。因为鸽水浴时间较短，一般每次洗澡仅1～2分钟，洗澡可以去垢和促进血液循环，能促进鸽的健康。而淋雨一般时间较长，鸽体内热能大量散发，所以容易受凉感冒。

28. 如何掌握捉鸽和握鸽方法?

买卖种鸽，鉴别鸽子的雌雄或年龄，检查病鸽等，都需要捉鸽。捉鸽不能像捉鸡那样抓翅膀，因鸽子的翅翼较硬，轻则会造成鸽子羽毛脱落，扭伤翅膀或脚，重则造成鸽子死亡。如用食指和拇指紧压鸽子的胁部翼窝处，2~3分钟内，就会使鸽子内脏损伤而死亡。因此，养肉鸽者，应首先掌握捉鸽、握鸽、送鸽、接鸽的方法，以免造成不应有的经济损失。

（1）捉鸽

捉鸽时，首先应确定捉哪只鸽，在散养的情况下，先把它们赶到鸽舍的一角，高举两臂，张开手掌，从上往下"快而轻地"一下子把它压在掌下，注意不要用力过猛，以免惊吓鸽群或使鸽受伤，切忌在群内乱捕乱追；如果是笼养，捉鸽时先打开笼门，看准应捉的鸽子，用手掌从上至下"快而轻地"一下子将鸽按倒捉出即可。

（2）握鸽

正确握鸽方法，是用拇指与食指紧紧握住鸽子的翼羽与尾根，另一只手的食指与中指夹住两脚，其余两指托住鸽的腹部。大型肉鸽，一般一只手是握不住的，必须两只手合握，即大拇指向上，手掌紧贴鸽体，四指向下拢住腹部，握住的鸽子应该是尾朝外、头向着握鸽人，左手拿头向右，右手拿头向左，否则鸽粪容易拉在握鸽人的身上或脚上。

（3）给鸽与接鸽

要把自己所拿的鸽子给别人时，应用右手握住鸽的背部，食指按住鸽肩部，大拇指在鸽体左侧，其余三指在鸽体右侧，全掌按在两翼上，将两腿握于小拇指和无名指下面。接鸽时，用右手卡住尾部及腿部，左手卡住脖子和前胸后，才能将鸽子接于手中。

三、良种肉鸽的品种特征

29. 良种肉鸽有什么外貌特征?

良种肉鸽体大肉多，胸宽而圆，性情温顺，不善飞行。鸽的外形呈纺锤形，体表被覆羽毛，形成流线型的外廓。鸽体可分为头部、颈部、胸部、背部、翼部、腹部、腰部、尾部、脚部等九大部分。

鸽的头呈圆球形，眼大、嗅觉灵敏，并具有眼睑和瞬膜，飞翔时能遮覆眼球，以免干燥气流和灰尘伤害眼球。良好的肉鸽，鸽眼有神、敏锐、清晰、艳丽。

鸽的耳孔略凹陷，周围着生耳羽，有助于收集音波，洞察环境变化和识别方向，听觉灵敏。

鸽的颈部转动灵活、伸缩自如，可扩大视野，便于观察，粗壮强健有劲的肉鸽颈部应是长短适中。

鸽的躯干紧密结实，呈纺锤形，飞翔时可减少空气阻力。尾短、生有大型正羽，可控制飞行方向。理想的肉鸽身躯呈圆形，不宜过长，而且胸脯发达。背、腰、尾三个部分相连近似一条直线，龙骨要正直。

鸽的后肢强大，是支持身体和行走的器官。前肢变成翼，生有几排大型正羽，两翼展开时面积很大，扇动空气而飞翔，是鸽的飞行器官。

鸽的羽毛是表皮细胞所分生的角质化产物，起着保护鸽体躯的作用。鸽的羽毛在鸽体分布上分羽区和裸区。鸽子羽毛的基色以瓦灰为主，其次是黑色、白色、绛红色。良种鸽的羽色，富有金属光泽，必须暗、淡分明。主基色的灰色应灰而透蓝；黑色应纯黑而不带灰；灰、黑两色要鲜明。如果是斑点，也应该是浓、淡分明，斑纹各显。羽毛应紧裹身躯，不应蓬松杂乱，羽毛上富有"脂粉"。

30. 良种肉鸽的特征是什么? 怎样区别美国王鸽、贺姆鸽、法国地鸽和石歧鸽?

良种肉鸽的特征是体大肉多，胸宽而圆，性情温驯，不善飞行。详细鉴别良种肉鸽属于什么品种要查系谱，外观鉴别应注意如下特征：美国王鸽身短尾翘，胸圆如球，胫部无毛，多数为白色；贺姆鸽，身体比王鸽长，但比石歧鸽短，羽毛多为灰色或纯棕、纯黑，乳鸽阶段生长快，食量比石歧鸽大一倍；法国地鸽，体大笨重，飞高不超过 1.5 米，喜在地上行走，多为棕红色、灰黑色；石歧鸽，体长、翼长，尾长，翅膀羽毛呈灰二线，体呈蕉蕾型，繁殖力强。

31. 石歧鸽是不是完全在地上生活？它能飞上屋顶吗？

石歧鸽与其他品种的肉鸽一样，不善飞行。饲养得肥，身体笨重就不能高飞。当生活条件满足时，也不远走高飞，但如果生活条件不能满足，如缺铁或保健砂时，为了寻找食物，就会飞走。所以，石歧鸽不完全是在地上生活，有时也会飞上屋顶。要控制其飞行，主要是在生活条件上满足它的要求。

32. 我国目前饲养的主要肉鸽优良品种有哪些？

我国目前饲养的主要肉鸽优良品种有白王鸽、银王鸽、杂交王鸽、法国卡奴鸽、石歧鸽 5 个品种。

33. 引进白王鸽在国内饲养表现怎样？

1983 年广东家禽研究所与上海农科院一起从美国引进。该品种 1890 年在美国新泽西州育成。特征是全身白色，胸圆如球，身短尾翘，眼皮双重粉红色，眼球深红色，胫爪为枣红色。成年体重 800 ~ 1000 克，青年体重为 750 ~ 950 克，年产 6 ~ 8 对，乳鸽体重 700 克左右。

34. 引进银王鸽在国内饲养表现怎样？

1983 年广东家禽所等从泰国和美国引进。该品种 1909 年由加利福尼亚人采用四元杂交而成。其体形比白王鸽稍大，全身披银灰色带棕色的羽毛，翅羽上有两条黑色带。腹部和尾部呈浅灰色。年产 9 ~ 10 对乳鸽。属高产、高抗病型肉鸽品系。

35. 引进杂交王鸽在国内饲养表现怎样？

1980 年和 1981 年由光明鸽场与沙河分场鸽场两次从香港引进。该品种由香港养鸽爱好者用美国王鸽与石歧鸽杂交育成，其体重比王鸽小些，身比王鸽长。有白、灰、红色三种，多为白色。国内早年发展肉鸽的地方，均以该品种为主，是目前广西农村饲养较多的一个品种。

36. 引进法国卡奴鸽在国内饲养表现怎样？

1987 年深圳农科中心从法国引进，分白卡奴和红卡奴鸽。该品种原产法国北部和比利时南部，属于快大型品系。成年公鸽重达 851 克，母鸽重 750 克。其特点是繁殖力极强，种蛋受精率高，年产乳鸽 9 ~ 10 对，性情温驯，喜群居。乳鸽体重偏小，该品种引进国内以后，主要用于杂交育种。商品鸽场一般不饲养。

37. 石歧鸽有什么样的品种特征和生产性能?

1915 年旅美华侨从美国带回王鸽、大型贺姆鸽、卡奴鸽等与当地肉鸽杂交育成,原产广东省中山市石歧镇,故名石歧鸽,是我国大型优良肉鸽品种。此鸽的标准为灰二线、细雨点。成年体重公 680 ~ 794 克、母 650 ~ 760 克,年产乳鸽 7 ~ 9 对,乳鸽体重 600 克左右。特点是体长、尾长、形似芭蕉的蕉蕾。此鸽适应能力强,耐粗食,性情温顺,毛色好。骨软、肉嫩。由于大量国外良种引进和近 10 年来我国已育成许多高产肉鸽新品系,目前,国内饲养纯种石歧鸽已很少见。

38. 国内近年培育出的肉鸽新品系有哪些?

有深王快大品系、新白卡高产品系、泰森雌雄自别品系和天翔 I、天翔 II 两个配套。这些新品系及配套良种均由深圳天翔达牧工贸公司同广东省家禽科学研究所合作培育成。

(1)深王

以美国白王鸽为原型选育而成,纯白色,25 日龄乳鸽体重达 661.88 克。

(2)新白卡

以法国白卡奴为原型选育而成,纯白色,繁殖力强,种蛋受精率高,25 日龄乳鸽体重达 551 克。

(3)泰森

以法国泰克森良种鸽为原型选育而成。是目前国内唯一的雌雄自别的肉鸽新品系。出壳 3 天的仔鸽即可依毛色区分雌雄。雌雄自别率达到 99.3%。25 日龄乳鸽体重达 618.18 克。

(4)天翔 I 号

以深王为父本,以新白卡为母本进行杂交,经过 4 个世代选育而成。纯白,25 日龄乳鸽体重达 658.26 克。

(5)天翔 II 号

以天翔 I 号为父本,以肉用型白王鸽为母本进行三元杂交而成,纯白色,25 日龄体重 638.87 克。

(6)以地域或公司命名,在当地小范围饲养的地方良种鸽有佛山鸽、良田鸽、太湖鸽、塔里木鸽、天津黑鸽等。

在以上优良品种中,又以银王鸽和天翔 I 号两个品种的抗病力更强,生长更迅速,更适合在农村饲养。

四、良种肉鸽的繁殖

39. 怎样鉴别鸽的雌雄?

雌雄鉴别是养鸽的先决条件。在鸽群中如果雌雄比例不当,不但鸽群不得安宁,而且产蛋率低,或无精蛋多;如果是小群放养,配不成对的种鸽就会飞到别的鸽群中去寻找配偶而不返回;笼养的则无法配对上笼。因此养鸽者必须掌握雌雄鉴别的基本方法。由于从雏鸽到成鸽的整个生产过程中,雌、雄从外观上看几乎完全一致,要像鸡那样从外表区别雌雄比较困难。根据实践经验,鉴别鸽的雌雄应注意掌握以下 12 点,以便综合判断。

(1)同窝比较鉴别。同窝一对乳鸽生产快、身体粗大的多数是雄鸽;亲鸽喂食时,争先受喂的是雄鸽;两只眼睛距离较宽的是雄鸽。

(2)体形体态鉴别。雄鸽身体比较粗大,颈粗短,头顶隆起近似四方形,脚粗大,外形雄壮豪放;雌鸽身体较小,颈细长,头顶平而窄,脚细小,外形温顺优美。

(3)鼻瘤鉴别。雄鸽鼻瘤大而阔,雌鸽鼻瘤小而窄;120 日龄的雌鸽,鼻瘤中央有白色的肉线,雄鸽则没有。

(4)肛门形状鉴别。4～5 日龄的幼鸽,从侧面看雄鸽肛门下喙短,上喙覆盖着下喙,雌鸽则恰好相反;从正后面看,雄鸽的肛门两端向上弯,雌鸽子是向下弯(见图 3 – 1)。5 日龄以后,肛门周围长出绒毛,便不能依此法鉴别;进入发情期以后,观察肛门内侧上方的形状,雄鸽呈山形,雌鸽呈花房形(见图 3 – 2)。

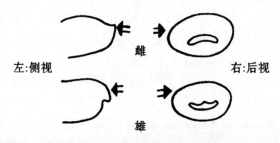

左:侧视　　　　　　　　　　　　　右:后视

图 3 – 1　4～5 日龄乳鸽肛门的形状

雌：花边形　　　　　雄：山形

图3-2　发情期成鸽的肛门内侧上方形状

（5）尾脂腺鉴别。尾脂腺俗称鸽尾斗，尖端开叉的多数是雌鸽，不开叉的多数是雄鸽。

（6）骨骼鉴别。雄鸽嘴短，胸骨长而且末端尖，雌鸽嘴长，胸骨短而且末端圆而软；成年雄鸽比雌鸽盆骨窄，雄鸽的两趾骨间距离约有一指宽，而雌鸽距离约一指半到两指宽。

（7）发情表现鉴别。鸽子约5月龄达性成熟，开始发情，此时雄鸽喜打斗，常常追逐雌鸽或围绕雌鸽转圈走，颈羽竖起，颈上气囊膨胀，尾羽展开如扇形且常拖地，频频上下点头，连续发出"咕—咕"声，叫声长而强；发情雌鸽比较安静，在雄鸽追逐时，发出"咕嘟噜"回答声，叫声短而尖，并微微点头。

（8）孵蛋时间鉴别。雌鸽抱蛋多在下午5时至第2天上午9时，雄鸽孵蛋多在上午10时至下午4时。

（9）捉鸽鉴别。乳鸽长到10日龄，把手伸到它面前，反应灵敏，羽毛竖起，会啄人的多数是雄鸽；将鸽子抓起来，雄鸽抵抗力较强，雌鸽抵抗较弱；抓起鸽子上下摇动或用手轻扫肛门的周围，尾散开的是雄鸽。

（10）胚胎鉴别。受精鸽蛋孵4天后，在灯光下观察，胚胎机轴线两侧血丝对称，呈现蜘蛛形状的是雄性胚胎；胚胎基轴线两侧血丝不对称，一边丝长，一边丝短而稀，为雌性胚胎（见图3-3）。

（11）触肛鉴别。3个月龄以上的种鸽，用手轻轻触动肛门，雌鸽尾羽往上翘，雄鸽尾羽往下压，呈交配状。具体操作方法是：双手将鸽子平稳地拢抱于胸前（不要压得太紧），鸽子的头向鉴别者的胸部，使鸽子姿态自若，不过于拘谨、惊慌。用右手食指向鸽子肛门处（在两趾骨上方凹陷处）轻轻压，如果是雄鸽则尾羽向下压（以水平坐标为准）；如果是雌鸽则尾羽向上竖起或展开。这种触摸法表现出来的反应如同正常雌雄鸽交配时所表现的姿势，由于

雄　　　　　　　　　　雌

图3-3　受精蛋孵化4天后区别雌雄示意图

肛门受到刺激而表现出这种动物性行为是较准确的。注意：捉鸽时不要压得过紧；触肛时要多触几次，以其多数表现为准；长途运输或关在笼里养的鸽触肛反应不明显。

（12）羽毛形状鉴别。乳鸽翅膀上最后4根初级羽，末端较尖的多数为雄鸽；较圆的多数为雌鸽。

以上12种鉴别方法中，在生产实践中以触肛鉴别法使用最多。

40. 怎样鉴别鸽的年龄？

通常以喙甲、鼻瘤、脚、脚垫等部位的特征来鉴别鸽的年龄。

（1）喙甲。青年鸽喙甲细长，喙末端较尖，两边喙角薄而窄。2周岁以上的鸽，喙角多有茧子。老年鸽喙甲较粗短，喙末端较硬、较滑。年龄越大喙末端越钝而光滑，两边喙角厚宽而粗糙，5周岁以上的鸽，张口时可见喙角的茧子常为锯齿状。

（2）鼻瘤。青年鸽鼻瘤较大，柔软而有光泽。老年鸽鼻瘤紧凑，粗糙无光。年龄越大，鼻瘤越干燥，好像有一层粉末撒布在上面一样。

（3）脚趾。青年鸽脚上的鳞片软而平，鳞纹不明显，呈鲜红色，趾甲软而尖。2周岁以上的鸽，脚上的鳞片硬而粗糙，鳞纹较明显，呈暗红色，趾甲硬而弯。5周岁以上的老鸽，脚上的鳞片突出，硬而粗糙，鳞纹清楚易见、呈紫红色，上有白色鳞片黏附。

（4）脚垫。青年鸽脚垫软而滑。老年鸽脚垫厚而硬，表面很粗糙，常偏于一侧。

41. 怎样观察羽毛生长识别鸽的日龄和月龄？

观察羽毛生长来识别鸽的日龄和月龄在幼鸽护养和采购种鸽工作中具有重要意义。

刚出壳：身披一层黄色的绒毛。

5日龄：翼和尾的大羽管露出皮肤表面。

7日龄：嗉囊两侧羽区、背腰部两条羽带、胸腹两侧、大腿和胫骨中上部两侧皮肤等6条羽带的羽鞘露出皮肤外。

11~12日龄：主翼羽和副翼羽的羽鞘开始长成羽片。

14日龄：头、背的其他地方长出羽鞘。

28日龄：除头颈部还有少量绒毛外，身体其余部位的绒毛已脱落完。翼内侧及胸腹全部盖完羽毛。

35日龄：全身羽都成片状。第10根主翼羽根上部还带有血红色。

38日龄：第10根主翼羽根上部血红色退尽，羽毛全部角质化。

50~60日龄：开始换羽。第1根主翼羽首先脱落，以后每隔15~20天又换第2根。

5~6月龄：主翼羽已更换7~8根。鸽进入成熟期。鸽子翼羽及尾羽构造及通过换羽时间顺序测算日龄的方法（见图3-4）

图3-4 鸽羽排列和换羽顺序图

42. 鸽的生殖器官由哪几部分组成？它们各有什么作用？

（1）雄鸽的生殖器官由睾丸和输精管组成。

①睾丸。雄鸽有睾丸一对，呈卵圆形，被睾丸系膜连接在肾脏前下方。睾丸的大小随季节的不同而变化，生殖时期膨大，而且左边比右边的大。睾丸内有大量的曲精细管，这是产生精子的地方。曲精细管之间有成群的间质细胞，能产生雄性激素，促进雄鸽的发育和增强其生殖能力。

②输精管。是一对弯曲的细管，沿输尿管的外侧后行，在进入泄殖腔前膨大成贮精囊，末端形成射精管，呈乳头状开口于泄殖腔。睾丸内产生的精子先输入附睾贮存，成熟后再排入输精管。鸽子没有阴茎。

（2）雌鸽的生殖器官由卵巢和输卵管组成。

①卵巢。鸽子的卵巢只有左侧的发育，右侧的已经退化，卵巢是产生卵子的地方。刚孵出的雏鸽卵巢灰色，表面呈颗粒状。卵细胞在发育过程中聚集了大量的卵黄。在卵细胞的外面包有卵泡膜，卵泡膜有一小部分与卵巢相连，到卵子成熟排入输卵管后，卵泡膜逐渐变小而被结缔组织代替。

②输卵管。鸽子只有左侧的输卵管发育，右侧的同卵巢一起退化了。输卵管是一条弯曲而壁厚的长管，前端似喇叭状薄膜开口对着卵巢，后端开口于泄殖腔。输卵管可分为5部分：喇叭口（漏斗部）、蛋白分泌部、峡部、子宫和阴道。

43. 鸽蛋的构造是怎样的？

鸽蛋由蛋黄、蛋白和蛋壳3个部分组成。

（1）蛋黄。位于蛋的中央，外有一层很薄的膜叫卵黄膜，蛋黄上有一白点叫胚珠，受精后胚珠能发育成胚胎。

（2）蛋白。分为浓蛋白和稀蛋白。浓蛋白围绕着蛋黄，稀蛋白靠近蛋壳。在蛋黄两端有两条蛋白构成的系带，有固定蛋黄的作用。

（3）蛋壳。外层为硬壳，主要由碳酸钙构成。硬壳内有一层软壳称为卵壳膜，有防止水分蒸发和外物侵入的作用。在蛋的钝端、硬壳与软壳之间形成一个气室，它的作用是给胚胎供氧气。蛋放置的时间越长，气室越大。蛋壳上有许多肉眼看不见的微小气孔与外界相通，供胚胎呼吸排出废气和散发蛋内水分。蛋壳外层有一层油质，可以防止水分蒸发和细胞侵入。

44. 鸽蛋在体内是怎样形成的？

卵细胞（卵黄）在卵巢内成熟后，便从卵泡膜中脱落，进入输卵管，这个过程称为排卵。卵黄首先通过输卵管的喇叭口，然后沿输卵管下行至蛋白分泌部。蛋白分泌部的内壁密布管状腺和单细胞腺，这两种腺体能分泌浓蛋白和稀蛋白，把卵黄包起来。卵黄到这里被加上蛋白后继续下行到峡部，在峡部形成壳膜（软壳），再下行至子宫部，蛋在这里停留的时间最长，并在这里加入水、盐类、稀蛋白和壳的色素，形成外壳（硬壳）。蛋形成后进入阴道，经泄殖腔排出体外。

蛋壳的厚度和结构反映了代谢的状况。影响钙代谢和分泌的因素很多，食入钙、镁、锰和维生素D量不足，固然有影响。与季节、环境、年龄、温度、生理状况和遗传等因素也有一定的关系。例如蛋壳一般随雌鸽年龄的增长而逐渐变薄；有些疾病（如气管炎）、高温环境会使雌鸽产薄壳蛋；投喂磺胺类药物会影响蛋壳的形成等。

45. 产不正常蛋的原因是什么，如何处置?

不正常蛋包括单蛋、异形蛋、无黄蛋、薄壳蛋及软壳蛋等。

（1）单蛋。在正常情况下，雌鸽每窝应产蛋2个。每窝只产1个蛋叫作单蛋。产生单蛋的原因很多，但主要与产蛋鸽的卵巢发育有关。发现连续多窝产单蛋的雌鸽应予以淘汰。

（2）异形蛋。输卵管收缩反常，会使蛋的形状发生异常变化。这种蛋不宜孵化，经常产生这种蛋的雌鸽，不宜留作种鸽。

（3）无黄蛋。由于蛋白的分泌是物体通过输卵管时机体产生的一种反射反应，所以当异物（如脱落的组织等）落入输卵管时，也会刺激蛋白分泌部的腺体分泌出蛋白，把异物包裹起来，并在继续下行的过程中被包上壳膜和壳，成为无黄蛋。这种蛋不能孵化繁殖，但可食用。

（4）双黄蛋。这种蛋特别大，蛋内有两个蛋黄。产这种蛋的原因是卵巢里有两个卵子同时成熟，且排入输卵管的时间十分接近。结果，在蛋白分泌部被蛋白包裹在一起形成双黄蛋。发现同窝当中一个蛋特别大、另一个蛋正常时，则大的可能是双黄。双黄蛋不宜孵化，可供食用。

（5）薄壳蛋及软壳蛋。产这种蛋的原因多是饲料中钙和维生素D不足。另外是缺少保健砂，或患有疾病或遇不良环境，如高温炎热的天气、产蛋前受惊等，都可能产生薄壳蛋或软壳蛋。这种蛋可供食用。

46. 肉鸽的自然繁殖过程是怎样的?

幼鸽一般养到4.5~5个月开始发情（早熟品种4月龄开始发情），此时只是性成熟，还未达到体成熟，所以不宜繁殖。但在自然群养条件下，会出现早配早产。由于生理上的因素，这样繁殖的第1窝仔很难养成（个别早熟品种例外）。鸽长到6月龄，可以交配正常繁殖。种鸽在正常情况下40~50天产卵1次（现在人工培育的高产种群31~35天产卵1次）每次产卵2枚，每窝孵化18天（夏天稍提早，冬天稍推迟），8~10月份是鸽的换羽期，此时产卵少或停产（高产种群换羽期不停产）。同窝孵出的多数为兄妹鸽（即1雄1雌），体大者为雄，体小者为雌，也有两只都是雄鸽或雌鸽的。雏鸽从出壳到自己会采食需要25~30天。一般30日龄的雏鸽可离窝，40日龄的幼鸽会飞翔。幼鸽一般养到4.5~5个月，又开始发情配对了，长到6月龄，可以交配正常繁殖。

47. 种鸽的繁殖能力怎样？选择种鸽是不是越大越好？

种鸽的繁殖能力因品种不同而异，一般 5 岁后繁殖能力开始衰退，5～7 岁雄鸽仍可配种，饲养好的 10 岁以上仍有繁殖能力。群养自然繁殖每年产卵低产的 4～5 窝，一般良种 7 窝左右，个别产卵高的可达 9～10 窝，最高产达 11 窝。据近几十年试验观察，种鸽达到一定体重以后，个体越大，产蛋周期越长。体重在 0.5～0.7 千克的高产种鸽每年可产 9～10 窝，而 0.75～0.9 千克的种鸽每年至多产 5～6 窝。大种鸽还有经常踩烂蛋和不会喂仔等缺点。所以在目前的技术条件下，评定优良种鸽并不是越大越好。

48. 肉鸽公母是怎样抱蛋和育雏的？

鸽子交配 7～9 日后便开始产蛋，通常是第 1 天产 1 枚，隔 1～2 天再产 1 枚（产 2 枚蛋的间隔一般是 36～45 小时）。有的年轻种鸽产下第 1 枚就开始孵化，而多数经产鸽都是在产下第 2 枚蛋以后孵化。在孵化过程中，雌、雄鸽轮流抱蛋，一般雌鸽抱蛋时间在下午 5 时至第 2 天上午 9 时左右，雄鸽抱蛋在上午 10 时至下午 4 时左右。这个轮换时间随地区的不同稍有差异，但在通常情况下，白天的中午多由雄鸽抱蛋，夜间多由雌鸽孵蛋。亲鸽对所孵的蛋十分爱护，假如雄鸽在孵化时间偶尔离巢，雌鸽会主动接替，不让蛋受凉。

在雏鸽出壳前 2～3 天，母鸽为哺育幼雏作准备，进食量比平时增多。雏鸽出壳后，亲鸽的嗉囊在脑下垂体激素的作用下会分泌出一种乳状的特殊液体，叫做鸽乳，用来育雏。哺乳时，亲鸽和雏鸽嘴对嘴喂食。以后随着雏鸽发育长大，亲鸽逐渐改用食进嗉囊中已软化的饲料料灌喂。雌、雄鸽都能分泌鸽乳，共同哺乳。雄鸽也能泌乳和哺乳，这是鸽与其他哺乳动物最大的区别。在育雏期间，如果亲鸽中有 1 只不幸死去，另 1 只能坚持哺育，直到雏鸽可以独立生活为止。也有个别不哺育的，在这种情况下，可将幼雏放到大致同龄的雏鸽窝中寄养，让"保姆鸽"将它养大。如改用人工哺喂小粒软化食物，虽能养活，但雏鸽身体虚弱。

49. 在产鸽孵化过程中为什么要照蛋？怎样进行照蛋？

照蛋是肉鸽繁殖中的一项重要工作，照蛋是为了检出无精蛋、死精蛋和死胚胎。鸽蛋经过 4～5 天孵化后，可以进行第 1 次照蛋，将蛋拿出来，对着电灯泡或电筒，如发现蛋内血管分布均匀，呈蜘蛛网状而且稳定，即是受精蛋；若蛋内血管分布不均匀，而且不呈现网状，蛋黄浑浊、血管分散并随蛋转动，即为死精蛋；若蛋内无血管分布，经过 1～2 天再检查，仍无血丝，即为无精蛋或胚胎受冻不能发育。无精和死精蛋应中断孵化。孵到第十天进行第二次照蛋，在灯光下发现蛋的一侧乌黑，另一侧由于气室增大而形成空白，即为正常

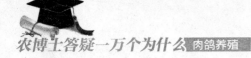
发育；若蛋内容物如水状，可摇动，壳呈灰色，即为死胚。两次照蛋看到的情况（见图3-5）。

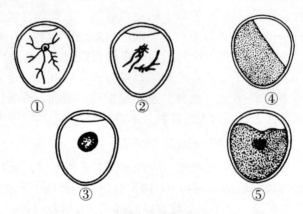

图3-5 照蛋

1. 孵化后4~5天：①受精蛋 ②死精蛋 ③无精蛋
2. 孵化后10天：④正常发育蛋 ⑤死胚蛋

50. 在什么情况下需要帮助雏鸽出壳？怎样帮助雏鸽出壳？

雏鸽一般会自己出壳，由于水分蒸发过多，有时雏鸽啄壳后仍不能脱壳而出。应以人工辅助剥离蛋壳，一般人工剥离1/3的蛋壳即可帮助雏鸽脱壳。有时孵过18天仍不见雏鸽啄壳，也应人工剥壳，剥壳时如发现血水应立即停剥，并将蛋放回巢窝继续孵化，经几小时后雏鸽便可出壳。发现血水后如果继续剥壳，雏鸽即使出壳，也会因尚未发育完全而养不活。

51. 自然繁殖要注意哪些事项？

（1）选种要注意3个环节

一般良种肉鸽1月龄体重达0.6千克以上可选做种，但以性成熟时雌鸽0.65~0.75千克、雄鸽0.7~0.85千克为好，优良的种鸽繁殖场选种原则是低于0.6千克和高于0.85千克的种鸽都淘汰；同窝的一对兄妹应拆开配对，防止近亲繁殖造成品种退化；配对繁殖后，还要连续考察3~4窝。凡是生1个蛋的、抱窝常踩烂蛋的、不会喂仔或懒喂仔的，都要淘汰。

（2）合并孵化

同时有几窝都是产1个蛋的，可以2~3合并做1窝孵化。孵到中途若有死胚蛋除掉后，剩下单个发育正常的蛋，也可以2~3个合在一起孵，途中有个别先出仔，剩下的蛋可移给另一窝抱。总之，在孵化过程中蛋是可以按入孵

时大体一致，进行合并和随意调换的。

（3）专门产蛋

有的优良种鸽产蛋多且好，就是不会孵蛋和育雏。可让这种鸽专门产蛋，产出的蛋全部移给会孵蛋育雏的小种鸽孵化，而将小种鸽产的蛋作为商品蛋处理，这样可提高生产效率和肉鸽的品质。在大型鸽场常用这一方法来育种。

52. 鸽的人工繁殖与自然繁殖有哪些不同点？

鸽的人工繁殖与自然繁殖的 11 个不同点：

人工繁殖	自然繁殖
（1）种鸽利用年限短	（1）种鸽利用年限长
（2）孵化机孵蛋	（2）种鸽孵蛋
（3）采用生态同步技术	（3）不用
（4）孵化前种蛋消毒	（4）不消毒
（5）能防止鸽病垂直传播	（5）不能
（6）有检蛋、集蛋、保存蛋工序	（6）没有
（7）孵化蛋破损、死胚少	（7）多
（8）授精蛋孵化率提高 9% ~10%	（8）不提高
（9）繁殖周期缩短	（9）不缩短高出
（10）比自然繁殖提高 2 窝仔	（10）不提高
（11）种鸽加营养并喂抗衰老药物	（11）不用

53. 采购和长途运输种鸽应当注意什么？

采购和长途运输种鸽要注意以下 10 点：

（1）大批采购种鸽不能委托没有畜牧兽医常识的人去干。采购人员没有兽医知识要请当地兽医部门协助。

（2）除大暑天外，一年四季均可长途运输，但以春秋运输较好。必须夏天采购运输的宜晚上行车。冬天运输种鸽要选择晴暖天气进行。

（3）随班车运输种鸽的在装车时，要注意通风透气，中途停车时，叫司机开车到树阴下或车库里，避免日晒雨淋。

（4）装种鸽的纸箱四周要有通气孔，以防种鸽闷死

（5）选择种鸽最好在白天进行，因为晚上在灯光下选种很难辨别，容易

上当。

（6）长途运输种鸽不能装得太挤，以每笼10对左右为宜。运输途中在24小时内可以不喂饲料，超过24小时，途中应停车喂料喂水。将饲料撒进纸箱里或用小碟盛饲料放进笼里让鸽自由采食。千万不能放出笼外饲喂。

（7）购鸽种时应向对方要少量混合饲料作样品和饲料配方，以便回来照样配料。这样可使鸽的饲料不会突然改变，饲养一段时间，适应以后，饲料可逐步改变。

（8）购买种鸽回来要分开放养的，装进笼时要一对一对做记号，在翅膀贴胶布、编号、写明公母、价格，以免买回来后混乱，不好分。

（9）种鸽运回来，将鸽舍门窗关好才放出来饲喂，先喂水后喂饲料，关养1~2天后，再放进运动场活动。

（10）购买成年种鸽，提鸽时最好按公母成对编号，回来后一对一对提进巢箱，隔离3~5天，在箱内喂料喂水，使它们适应新环境，再放出来。如购买不配对的成鸽，回来后要先放进配对笼配好对再合群饲养。

54. 怎样鉴别成年鸽的生育能力？购买成年种鸽应注意什么？

不会生育的成年鸽从外表上看不出来，需要通过试养鉴定。一般公母配对试养3个月不下蛋，则被认为无繁殖能力。因此，初学养鸽者不宜到市场购买成年鸽，应当到鸽场或养鸽户家里选购，购买成鸽时一定要询问配对繁殖情况，最好能购买正在孵蛋或带仔的成鸽。

55. 肉鸽留种的童鸽和青年鸽要具备哪些条件？

（1）肉用鸽留种的童鸽要具备4个条件：

①离窝时体重应在600克以上。

②亲鸽（父母鸽）近2~3个月无病。

③离窝到60日龄，幼鸽未发生过严重的传染病和寄生虫病。

④如果是杂交育成的种鸽，要求毛色纯净，体态优美。

（2）留种的青年鸽除上述4条外，还要加以下3条：

①童鸽到青年鸽阶段（即2~4月龄）未发过传染病。

②4个月龄后，体重要等于或超过母体重量。

③选择身体笨重、不善飞行，一般飞行高度在10米以下的青年鸽做种。

56. 杂交鸽可做种鸽繁殖吗？

一般情况下，杂交鸽不宜做种。但目前良种鸽较少，要找纯种肉鸽还比较困难。大多数地方还采用杂交王鸽做种。用杂交鸽做种要注意观察，如繁殖后代比母体大可保留，如后代比母体小，应淘汰。

57. 种鸽孵出第 1 窝乳鸽能否做种?

多数种鸽孵出第 1 窝,都还不大会喂仔。所以第 1 窝鸽仔多数长得不好,良种的潜在优势尚未得到充分发挥,一般开产第 1 窝乳鸽都不留做种。但考虑到目前良种鸽还比较缺乏,如果第一窝乳鸽在离窝时体重达 600 克以上也可留做种。

58. 父女、母子、兄妹、表兄妹鸽能否配对?

父女、母子、兄妹和表兄妹鸽不宜配对。这样近亲交配的结果,会出现遗传上的疾病,表现为抗病力弱、适应性差,或一代比一代小。但目前有些家庭养鸽种鸽太少,由于某种原因死了一只成鸽,一时又找不到新的种鸽来配对,也可用父女、母子鸽来临时配对、繁殖,这样做只限于小商品鸽场。大鸽场绝对不能这样近亲繁殖。

59. 为何近亲不能配对? 农家少量养鸽怎样才能避免近亲繁殖?

长期近亲繁殖可使品种退化,表现为生长缓慢、个体变小、疾病增加。因此农家养肉鸽,一般饲养数量达到 100 对以上,种鸽会自行交叉配对,近亲繁殖就可大大减少。要完全解决近亲交配问题,就要从幼鸽起进行编号,然后用配对笼进行选择配对。

60. 有些种鸽长期下蛋不授精是什么原因?

种鸽长期下蛋不受精有 3 方面的原因:

(1) 配对不当。一是公鸽过老,已失去繁殖能力;二是两个都是母的,无法交配;三是体型上公小母大,公鸽身短不能正常交配受精。

(2) 营养不良。饲料中长期缺保健砂和多维素,造成矿物微量元素和维生素不足,影响蛋的质量。

(3) 公、母鸽一方生殖系统患病。影响到精子或卵子正常发育,所以产卵而不受精。

五、肉鸽的选种育种

61. 什么叫肉鸽选种育种?

肉鸽的选种和育种,是改良和培育优良肉鸽品种的基础工作。按照肉用鸽的标准,在鸽群中应去劣留优。经过选种选配,让鸽子在人工条件下发生变异,通过定向培育,使之向适合人类需要的方向发展,这个过程称为鸽的选种育种。

62. 肉鸽的选种方法包括哪些内容?

改良和培育优良品种的肉用种鸽,目的在于提高肉用鸽的肉质和产量。肉鸽的选种是包括通过个体品质鉴定、系谱鉴定和后裔鉴定等三个方面内容,进行综合考察,对比、分析。

63. 怎样进行肉鸽的个体品质鉴定?

主要是以本品种的优良性状或育种目标为依据进行选择,包括外貌鉴定和生产力鉴定两部分。

(1) 外貌鉴定。通过肉眼的观察和手摸去判断鸽的发育和健康情况是否良好,从而确定该鸽是否可留作种用。良好的肉用鸽具有以下一些外貌特征:胸宽、体圆而短、脚粗壮;眼睛虹彩清晰,羽毛紧密而有光泽,躯体、脚及翅无畸形;龙骨直而不弯,也不大突出。具备以上特征的鸽,可初步定为良种。

(2) 生产力鉴定。外貌鉴定初步定为良种以后,还要进一步做生产力的鉴定。主要是根据乳鸽的生长和育肥性能来判断,也考虑亲鸽繁殖能力和抗病能力等遗传因素。乳鸽生长得好坏可用交售(20~25日龄)的活重作标准。一般25日龄活重达到0.6千克以上者为上等,0.5~0.6千克的为中等,0.5千克以下者为下等。在鉴定乳鸽重量时,还要考虑饲养条件。如果是饲养条件比较差的,如有的农家养鸽饲料单纯,鸽的生长发育受限制,遇到这种情况,应参照亲鸽体重,把应有的生产潜力估计进去,才能作出客观的品质评定。乳鸽的育肥能力是指在20日龄以后的育肥期间,商品乳鸽增加体重和积贮脂肪的能力,一般用日增重(克)来表示。日平均增重达到30克的属于高产。多产是肉鸽育种的主要指标,应选择年产7对以上的亲鸽繁殖的后代做种用,年产少于7窝的鸽,从经济效益考虑就应淘汰。

64. 怎样进行肉鸽的系谱鉴定?

生产实践表明,亲鸽如果都是优良个体,所产生的后代一般也优良。因此在选种时往往要考虑种鸽的来源,也就是要进行系谱鉴定。系谱是指鸽子近祖的有关资料,通常由种鸽场记录保存,大型种鸽场都建立有系谱档案。通过对系谱的分析,可以了解每只种鸽历史情况和遗传特性,供选种参考。

系谱的编写逐只鸽子进行,以免混乱。为了准确可靠,每只种用鸽都应该有编上号的脚环。编号的方法是:第一字为鸽场代号,第二、第三个数字为种鸽的孵出年份,第四字为鸽舍代号,最后一个数字为鸽的编号。编号时一般将雄鸽编为单号,雌鸽编为双号(参阅表5-1的第一栏)。编写系谱表所用的格式很多,我国各地多采用直式系谱表,一般记载3~5代,格式见表5-1。

表5-1　肉用鸽直式系谱

生—79—V—105♂鸽,王鸽纯种——1979年2月15日孵出,20日龄体重600克,评定一级,健康评分92分							
生—76—Ⅳ—28 王鸽 1976.5.20 孵出 1978—Ⅷ—15—600—700△30 成体重:850—Ⅶ 健康90分,总评:特级				生—76—Ⅱ49 王鸽 1976.3.15 日孵出 20 日龄体重 650 克成体重:1050 克 健康95分,总评:特级			
外祖母 (记录同上)		外祖父 (记录同上)		祖母 (记录同上)		祖父 (记录同上)	
(外)曾 祖母	(外)曾 祖父	外曾 祖母	外曾 祖父	外曾 祖母	外曾 祖父	曾祖母	曾祖父

在表5-1中,第一栏第一行"生—79—V—105"是鸽的编号,"♂"表示雄鸽(雌鸽用♀表示)。第二栏的左边为母系记录,右边为父系记录。母系记录的第三行"1978—Ⅷ—15—600—700△30"是生产力指标的简写,意思是"1978年产下8窝蛋,成活15只仔,每只乳鸽在20日龄时平均体重为600克,最重是700克,育肥期平均每只每天增重30克"。第四行"成体重:850—Ⅶ"是指7月龄时开始配对,体重为850克。

在研究系谱时,主要应考虑父母这一代的影响,因为祖代越远,对后代的影响就越小。但也要看各代的发展趋势,一般选留一代比一代好的经济性状。

65. 怎样进行肉鸽的后裔鉴定？

后裔鉴定就是通过测定后代的生产性能来鉴定种鸽优劣。方法有以下三种：

（1）后裔与亲代比较。以第二代母鸽的配对繁殖生产性能同亲代母鸽进行比较，如"女鸽"平均成绩超过"母鸽"的成绩，则说明"父鸽"是良好的种鸽，反之，则说明"父鸽"是退化者。以 P 代表"父鸽"成绩，D 代表"女鸽"成绩，M 代表"母鸽"成绩。按公式 $P = D - M$ 计算，如果得到的结果 P 为正数，"父鸽"为优良者，如果 P 为负数，则"父鸽"为退化者。

（2）后裔与后裔比较。一对种鸽，在繁殖数窝后拆对另换母鸽交配，然后比较所得后裔的性能，便可判断母鸽遗传性的优劣。

（3）后裔与鸽群比较。以种鸽所产后裔的生产指标与鸽群的平均指标作比较，如后裔的生产指标高于鸽群的平均指标，则这种鸽为优良者，相反则是退化者。

（4）进行后裔鉴定时应注意以下 3 点。

①要全面鉴定。后裔鉴定不能只根据某一项指标，必须全面考察抗病力、饲料利用率、生长发育、体型、体质、产孵、育雏、乳鸽育肥能力等性状后，才能做出结论。

②要取平均值鉴定。优良种鸽有时也会产出一些劣种后裔，因此要做多窝考察，取平均值来鉴定，不能根据一两窝或几只后裔就做出鉴定。

③要保证被鉴定的后裔有良好的生长条件。后裔品质的优劣与双亲的遗传性有密切关系，但受生活环境条件影响更大。因此在进行后裔鉴定时，应给后裔以相应的生长发育条件。

66. 肉鸽的选配方法包括哪些内容？在生产中如何应用？

种鸽选出来后，就要根据生产目的进行选配。鸽子的选配包括品质选配、亲缘选配和年龄选配三个内容。在生产中若是在种鸽场，选配 3 个内容都要，若是商品鸽场，只需考虑后面 2 个内容。

在生产中，常有优良的种鸽产不出优良后代的情况，这是因为，任何个体只有通过交配才能把本身的特性遗传给后代，至于能否产生优良后代，除了取决于鸽子本身的品质和遗传能力外，还要看配偶是否得当，这在选配时应特别注意的。

67. 怎样进行肉鸽的品质选配？

这种选配只考虑种鸽双方的品种，分为同质选配和异质选配两种。

（1）同质选配。就是将具有相似生物学特性和经济特性的优良种鸽进行配对，以便后代能保持和加强双亲原有的优良品质。通常用于本品种选育，以保持种鸽有价值的特点。在新品种培育的后期，也用这种方法来巩固和稳定遗传性。同质选配的缺点是：常常由于亲鸽来源相近，生活条件相似，或血缘关系很近，而使遗传性变得保守，生活力下降；同时，在选配过程中会积累先代的缺点，影响到后代的种用价值。这是进行同质选配时应注意的问题。

（2）异质选配。就是选择具有不同优点的双亲进行配对，将雌、雄鸽的优良性状融合在一起，并遗传给后代。亲鸽互相之间取长补短，从而改进后代的生产性能。因此，异质选配不能选择具有同样缺点的雌、雄鸽来配对，更不能选择具有相反缺点的雌、雄鸽来配对。

68. 怎样进行肉鸽的亲缘选配？

根据双亲血缘的近远，亲缘选配又可分为亲交、非亲交、杂交和远缘杂交四种。亲交就是兄妹、父女、母子、堂兄妹之间交配，因血缘太近易引起品种退化，应禁止配对繁殖（除特定情况外）。非亲交是品系间配对繁殖，一般相距4代以上，本品种的选育就是采用这种配对方法。杂交是两个不同品种的选配，一般用于生产商品鸽和育种。远缘杂交是距离较远的种间或属间配对杂交，主要用于育种。

为了保留或发展鸽群中某些优良个体的性状或特征，常常采用亲交这种选配方法。通常在育种初期也采用亲交，使鸽一些优良性状迅速稳定之后，立即改用非亲交，以免产生不良后果。

69. 怎样进行肉鸽的年龄选配？

利用不同年龄种鸽对选配结果的影响来达到育种或生产目的。种鸽的理想繁殖年限是1～5岁，其中2～3岁是繁殖的旺盛期。在这个年龄范围内，老雄鸽与青年雌鸽配对，其后代表现为母系特点占优势；老雌鸽与青年雄鸽配对，其后代则表现为父系占优势。即在父母配对中，年轻的一方遗传优势较强。另外，上述配种繁殖年限也不是绝对的，在生产实践中发现，饲养管理好的，个别雄鸽到10岁仍保持旺盛的繁殖力。

70. 肉鸽配对要注意哪些事项？

肉鸽在任何季节都可配对，但以春天发情旺季配对容易成功。由于鸽子有选择性，所以种鸽的配对有时要强迫进行。做好原始记录，包括父母的品种、年龄、特征、编号、何时配对等基本情况。

71. 什么是肉鸽品种退化现象？

同一品种的鸽群，经过一段时间生产、繁殖后，常常会出现个体变小、产蛋和窝数减少、乳鸽体质变差等，这叫品种退化现象。

72. 肉鸽品种退化的原因是什么？

引起家鸽品种退化的原因很多，主要有以下 3 个方面：

（1）不良环境条件的影响。使种鸽原有的优良性状和生产潜力得不到充分的表现和发挥，使生产能力下降、品质变劣。这是目前家庭养鸽中品种退化的主要方面。

（2）近亲繁殖。近亲（如兄妹、父女、母子或表兄妹等）交配繁殖，会导致后代生产能力、生活能力和繁殖能力下降。

（3）种性不纯。使某些亲鸽遗传性不稳定，繁殖后代发生性状分离，以致引起品种退化。为了防止品种退化，必须做好鸽群的提纯复壮工作。

73. 怎样做好肉鸽品种的提纯复壮？

（1）建立核心群。核心群是由鸽群中符合种鸽标准的优良鸽子组成，一般按下列条件选出。

①纯种。从品种特征（如体型和毛色）选择，并通过系谱鉴定。例如，王鸽应选胸圆而阔、身短、尾短而翘、羽毛白色、黑色或红色的鸽子。若是石岐鸽，应选灰二线、细雨点或纯羽色，身长、翅长、尾长、体形大、繁殖力强的个体。挑选纯种时，主要看父母及后代是否优良，还要查看系谱分析血统。

②体重。根据生产实践和育种要求，一般要求雌鸽体重不低于 0.6 千克，雄鸽不低于 0.65 千克，理想的种鸽体重是在 0.65~0.85 千克。

③体形。要求喙短、口阔、喉大、颈粗、胸宽、体长、龙骨正直、胸肌发达、脚粗有力。毛色具有本品种特点（最好雌雄毛色一致），要求羽毛紧密有光泽，眼睛虹彩清晰。

④繁殖力。要求每窝产蛋 2 个，无异常蛋，受精率、孵化率、成活率达 90% 以上，年繁殖 8 对以上，每只乳鸽 20~25 日龄时体重达 0.6 千克以上。核心群种鸽年龄一般限在 1~4 岁，超过 4 岁的一律要调离核心群，可留作一般种鸽继续使用。

⑤抱窝性。要求雌雄鸽抱窝性好，爱护雏鸽，勤喂仔，喂得饱，雏鸽发育良好。

（2）核心群后代的选育。对核心群的后代应编号做好记录，有条件的可实行专笼饲养，饲料配合要全面。核心群的后代经过以下"三选"合格者即可选入核心群，使核心群不断充实、扩大。

①初选。在 25 日龄或 1 月龄进行，凡体重（饿肚称）达 0.6 千克以上，生长良好，有本品种特征者为合格。

②复选。在配对前进行，凡符合核心群纯种、体重要求者合格。复选后进

行配对，要求雌、雄鸽品种毛色一致，雌雄体重不要相差太悬殊，避免近亲交配。必须亲交的，几代以后，就要引入少量同品种不同品系的亲鸽进行品系间繁育。

③最后鉴定。在初次育雏半年后进行。凡符合上述核心群五个条件者为合格，即可补充进核心群。不合格者可编入一般种鸽群加以利用；或拆散重配，再作鉴定，最后确定不宜留种的则应作为商品鸽出售。

74. 商品鸽场选种原则是什么?

商品鸽场不具备系谱和后裔鉴定条件的，可遵循下列原则选种：

（1）选择繁殖力强的亲代种鸽。鸽子1年能孵化11次，即33天产蛋1次，其中孵化用18天，15天养乳鸽，这是一个很理想的数字，实际上如果不采用现代高技术，这样高产的记录很少。一般种鸽在40~45天之内能繁殖1对乳鸽，即每年繁殖80对，孵化、育雏又比较正常就算是高产良种了。

（2）选择损失率较低的家系。损失率包括无精蛋、发育中止蛋、死胚、孵化出壳后当天死亡的雏、育成中死亡的鸽等。在鸽群中，正常的损失率一般是25%。若小鸽场及家庭饲养的损失率为5%~18%就比较好，留下产卵数多、损失率低的种鸽的后代作种，比起多产与损失率高的要好。

（3）选择温驯的种鸽。温驯的鸽子便于管理，温驯的后代往往取决于温驯良好的母性，这种特性能够遗传。因此要尽量留下这种鸽子的后代作种。

（4）选择秋季不停产的种鸽。一般种鸽在秋季换羽会停产1~2个月。而良好的种鸽在秋季换羽，8~9月间也能继续繁殖，这是高产的重要特征。

（5）要求种鸽勤哺乳。这是优良种鸽的重要标志。观察每对鸽子，可以发现有的亲鸽喂仔很勤，有的连刚离巢而不属于自己的仔也喂。这种母性特强的种鸽，能养出肥壮的小鸽，这种小鸽留种以后也比较强健。所以，应选留特别会喂仔的种鸽的后代。

（6）要求抗病力强。同一群鸽中，亲鸽没有传染病历史、繁殖的后代健康旺盛，说明抗病力较强。选留这样的后代作种，可使下一代从遗传上获得抗病能力，鸽群会一代比一代强。

（7）起码的体重。从商品价值考虑，肉用鸽留种的理想体重是0.75千克。实践证明，体重轻于0.6千克的母鸽很难育出0.75千克乳鸽，体重大于0.85千克的亲鸽年繁殖多数达不到7对。所以，低于0.6千克、高于0.85千克的均不宜留种。

75. 商品肉鸽场怎样进行二次选育高产种群?

在良种鸽群中选出优良个体，又称为二次选育高产种群。每年1月和7月进行 2 次选种并淘汰低产种鸽。到鸽场购买种鸽无法按高产种群条件来选购，只能从毛色、外形特征来选择优良的个体。购买回来后必须进行二次选育高产种群。将那些开产种鸽体重在 0.65~0.85 千克，产蛋孵化损失率低，饲养 1 年繁殖成活 8.5 对仔以上，公母温顺会带仔，秋季换羽不停产的种鸽的后代作种。经过二次选育高产种群，鸽群生产性能可在原来的基础上提高 30% 以上。

76. 淘汰低产种鸽有什么好处?

一个 1000 对的鸽场，如果有 25% 种鸽年产低于 14 只，按广西 2010 年市场价，当年淘汰年繁殖成活不足 14 只的低产种鸽，当年仍可增收 1000 元，第二年可增收 23000 元。一个高产种群，每年从低到高，不断淘汰年繁殖成活不足 14~16 只的低产种鸽（淘汰最高限在 16 只），只有将良种肉鸽的单个产量选在最高峰值，才能最大限度发挥良种鸽群的高产优势。

77. 商品鸽场如何采用简易方法培育核心种群?

一般商品鸽场没有育种鸽场的育种设备和条件，但又必须在生产商品乳鸽同时不断进行本品种选育工作，以防止良种退化。商品鸽场必须开展本品种选育工作，选育原理与育种鸽场是一样的。在多年实践中，我们探索出一种适应产业化大生产的简易本品种选育工作程序和方法。

（1）核心群建立的条件

①种性特征明显（毛色、外形符合要求）。

②基本体重 700~900 克（比商品种群高 50 克）。

③换毛不停产。

④抗高温、低温能力强。

⑤抗衰老能力强。

⑥抗病能力强（无疾病史）。

⑦会带仔，勤哺乳，繁殖损失率低。

（2）营养优化

①比常规增加 20% 营养（每天幼鸽加喂 2 餐，成鸽加喂 1 餐）。

②保健砂用料齐全、质优。

③用自产营养丸代替全价颗粒饲料。

④添喂强壮、抗衰老中药。

⑤益生素（EM）的科学、合理使用。

（3）精细技术管理

①按设置表格详细做好生产记录。

②观察生长情况，鸽体定期测重：出生，7 天，14 天，21 天，30 天，60

天，90 天，120 天，150 天（上笼），开产。

③观察鸽蛋（抽测，每季 1 次，数量 30 只）：根据测重记录，整理出 4 个数据：单个重，平均重，最大，最小。

④转群（每季末 1 次）：将核心种群最低产的 15% 从核心种群转入普通种群饲养。

⑤淘汰（每年 2 次：7 月和 12 月）：从普通种群淘汰低产种鸽。

⑥更新：从核心种群最高产的 15% 繁殖后代选入补充核心种群。

（4）书面总结（育种记录分析、研究、整理）

①育种当年阶段性小结：半年 1 次（6 月和 12 月末）。

②育种过程阶段性总结：每年 1 次，工作重点不同。第 1 年重点是核心群建立，第 2 年重点是营养优化和种群扩大。有时，一个阶段的重点工作就需要 2~3 年时间。

六、肉鸽的饲料与营养

78. 肉鸽饲料与营养的关系怎样?

饲料与营养的关系十分密切,饲料中养分是养鸽的物质基础。根据营养原理、饲料成分和肉鸽各阶段生长发育的需要,选用适当的饲料加以合理的搭配,采用科学的方法进行饲喂,就能提高肉鸽的生产性能。

79. 鸽子需要什么营养物质,各自有什么作用?

鸽子必须不断从体外摄取养料来维持生命。养料在鸽体内一部分用于分解产生热能,维持体内外的活动,另一部分用来合成新的物质。营养物质是鸽子维持生命、生长、发育、繁殖所必需的。鸽的营养物质主要是指蛋白质、糖类、脂肪、矿物质、维生素、水分等。

80. 蛋白质的作用是什么? 鸽的哪些饲料富含蛋白质?

蛋白质是生命活动的基础,蛋白质在鸽体内消化分解后变成氨基酸。氨基酸被吸收后是构成鸽体肌肉、内脏、皮肤、血液、羽毛等组织和器官的主要成分。蛋白质在生命活动中的作用,是其他营养物质所不能代替的。因此,要使雏鸽长得快而壮,幼鸽生长发育良好,种鸽繁殖力强,必须保证鸽的日粮中有足够的蛋白质。各种豆科植物的籽实,如豌豆、竹豆、绿豆、蚕豆、黄豆、黑豆、红豆等,都含有丰富的蛋白质,是鸽饲料中必不可少的。体重0.5千克的肉鸽每日需要氨基酸量见表6-1。

表6-1　体重0.5千克的肉鸽每日需要氨基酸量　　　　　单位:克

蛋氨酸	0.09	缬氨酸	0.06
赖氨酸	0.18	苯丙氨酸	0.055
亮氨酸	0.09	异亮氨酸	0.02
色氨酸	0.02		

81. 糖类的作用是什么? 鸽的哪些饲料富含糖类?

糖类又称碳水化合物。鸽子体内能量的70%~90%来源于糖类,其在鸽体内含量很少,还不到1%,主要分布在肝脏、肌肉和血液中。主要功能是产生热能，维持生命活动和体温。如果鸽摄取糖类过多，其在体内可转变成脂肪沉积，作为能量贮存。如果日粮中糖类不足，鸽子便利用体内脂肪作为热能来源。玉米、小麦、稻谷、高粱等含有较多的淀粉，消化后转变成糖类，因此，被称为能量饲料，必须供给鸽子充足的能量饲料，以满足鸽子对热能的需要。

82. 脂肪的作用是什么？

脂肪属于高能量物质。它的主要作用是产生热能，产生的热量相当于糖类的 2.25 倍；有助于对某些脂溶性维生素（如维生素 A、维生素 D 等）的吸收利用。但鸽子体内能量的来源主要是糖而不是脂肪，鸽体内沉积的脂肪大部分也是由饲料中的糖类转化而来的。因此，平时鸽不需要专门补充很多的脂肪性饲料。只要在哺育幼鸽期、发育期以及冬季适当供应一些火麻仁、油菜籽等，占饲料2% ~5% 即可。脂肪不易消化，故不宜过量，以免妨碍消化，引起下痢。

83. 矿物质的作用是什么？

矿物质是鸽子正常生长发育、增强抗病能力必不可少的物质。常用的有钙、磷、钠、钾、氯、铜、铁、钴、锰、锌、碘、硫、镁、硒等14 种。

84. 什么是常量元素？什么是微量元素？

生产中为方便使用，将占机体体重 0.01% 以上的元素，如钙、磷、镁、钠、钾、氯、硫等元素称为常量元素，占体重 0.01% 以下的元素，如铁、铜、锌、锰、碘、钴、硒等称为微量元素。

85. 肉鸽需要哪几种矿物元素？

现代研究表明，动物机体的各种器官组织中存在上百种矿物元素，但迄今还有许多元素的生理功能未被认识。目前已知其生理功能的元素有 50 余种，其中对机体有重要作用的只有钙、磷、镁、钠、钾、氯、硫、铁、铜、锌、锰、碘、钴、硒、等 14 种元素。这些元素在肉鸽体内的含量，分布差异很大，有的遍布全身，含量可用"百数"表示，有的只存在于特定器官或部位，其含量只能用"毫克"或"微克"表示。矿物质在肉鸽体内所占比例很小，但对肉鸽的生长、繁殖和健康有重要的作用，是肉鸽不可缺少的营养物质。如果肉鸽日粮中缺乏矿物质，即使其他营养物质充足，也会降低生产力，影响肉鸽的健康和正常的生长发育，情况严重时，还可能导致死亡。

86. 钙和磷有什么生理功能？

钙和磷是构成鸽子骨骼的主要成分。钙是鸽体内含量最多的矿物质，约占总体重1.1%，在骨骼和血清中含有大量的钙。雌鸽在产蛋期间，血清含钙量比平时高。细胞活动和血液凝固都需要钙质。钙对维持神经和肌肉组织的正常功能起重要作用，钙离子还参与凝血过程，并是多种酶的激活剂。在鸽体内，钙和磷以磷酸钙的形式存在。鸽体内的磷还有一小部分与镁结合成磷酸镁，存在于血清、肌肉和神经组织中。如果日粮中缺乏钙和磷，幼鸽易发生关节肿大、胸骨和腿骨弯曲等骨不良症状，发育不良、患佝偻病等；成年鸽则易出现软骨及骨质疏松症，引起软骨病、软脚病，雌鸽会产软壳蛋、薄壳蛋和沙壳蛋，所产蛋的蛋壳粗糙而薄，极易破损，同时产蛋率及孵化率也受影响。各种豆类富含钙和磷，谷物类含磷多钙少，在饲料配合时应注意搭配。肉鸽日粮中的钙主要用石灰石或贝壳补充，可占到日粮的 2% ~ 3%。

87. 镁有什么生理功能?

肉鸽体内镁的含量居矿物元素第三位，其中约 70% 的镁以磷酸盐与碳酸盐的形式存在于骨骼之中，25% 左右的镁与蛋白质结合成络合物，存在于软组织中。镁除构成骨骼外，它还是焦磷酸酶、肽酶等的活化剂，在糖和蛋白质代谢中起重要作用。此外，一定浓度的镁能保证神经肌肉器官的正常机能。肉鸽日粮中镁的含量比较丰富，通常不会缺乏。相反，有时因作为钙质补充的石灰石含镁量过高而引起矿物质代谢障碍。因此，用石灰石补充钙质时要注意镁的含量。

88. 钾有什么生理功能?

钾以离子形式主要存在于机体细胞内液和钠、氯及重碳酸盐离子中，共同维持细胞内的渗透压和保持细胞容积。钾作为细胞内液的碱性离子参与缓冲系统的形成，维持酸碱平衡。此外，钾通过影响细胞对葡萄糖的吸收，来影响碳水化合物的代谢。肉鸽日粮钾含量比较丰富，通常不会缺乏。

89. 钠和氯有什么生理功能?

钠和氯主要分布于机体细胞外液中，是维持外液渗透压和酸碱平衡的主要离子，并参与水代谢。此外，钠和其他离子一起参与维持正常肌肉神经的兴奋性，对心肌活动起调节作用；氯是胃液中的主要阴离子，它与氢离子结合成盐酸，使胃蛋白酶活化，并保持胃液呈酸性，具杀菌作用。日粮中钠和氯缺乏，幼鸽生长发育不良，饲料转化率下降，成鸽生产性能下降，体重减轻，羽毛不整。通常植物类籽实饲料中钠和氯的含量极少，如不给肉鸽日粮中补充食盐，就会发生缺乏症。因此，配制肉鸽日粮时必须补充食盐，通常食盐应占日粮 0.3% ~ 0.4%。

90. 硫有什么生理功能?

硫分布于肉鸽机体的每个细胞，羽毛中含量最高。它主要以有机形式存在于蛋氨酸、胱氨酸及半胱氨酸等含硫氨酸中，维生素中的硫胺素、生物素中也含有硫。硫的作用主要是通过体内的含硫有机物实现，如含硫氨基酸合成体蛋白及各种激素，硫胺素参与碳水化合物的代谢等。肉鸽缺硫会引起食欲减退、掉毛、溢泪、体质变弱等。但是，只要肉鸽日粮中蛋白质含量能满足需要时，不会出现硫缺乏症。

91. 铁有什么生理功能？

肉鸽体内的铁，有 60%～70% 存在于血红蛋白和肌红蛋白中，20% 左右和蛋白质结合形成铁蛋白，贮存于肝、脾和髓中，其余的铁存在于细胞色素酶和多种氧化酶中。它的主要功能是作为氧的载体以保证体组织内氧的正常输送，并与细胞内生物氧化过程密切相关。日粮缺铁易引起缺铁性贫血。但是正常饲养条件下的肉鸽日粮中的铁即可满足需要，加之其体内铁可以再利用，所以，通常肉鸽不会出现缺铁。红土中含有大量铁，各种籽实饲料也含有一定量的铁。不过生产中为保险起见，常给日粮中补充适量硫酸亚铁，以防止铁的不足。

92. 钴有什么生理功能？

钴是维生素 B_{12} 的主要成分，而维生素 B_{12} 有促进红血球再生与血红素形成的作用，因此，缺钴会引起恶性贫血。给鸽子补喂矿物饲料添加剂（含有氯化钴），可以预防鸽恶性贫血，并且对生长发育有显著促进作用。

93. 铜有什么生理功能？

铜主要分布在肝、肾、心、眼的色素部分及羽毛中，胰脏、肌肉和骨骼中的含量居中，甲状腺、脑垂体、前列腺的浓度最低。铜是铁氧化酶、酪氨酸酶等的组成成分和激活剂，具有较多的生理功能。铜是形成血红蛋白所必需的催化剂，缺铜则影响铁的正常吸收，同样会产生贫血。日粮铜不足时影响机体的正常造血功能。成年鸽表现为繁殖能力下降，孵化率下降等。正常情况下，鸽子所需的铜一般可从保健砂和饲料中获得。肉鸽日粮中的含铜量即可满足其需要，很少出现铜缺乏症。但是生产中为保险起见，常以硫酸铜形式补充适量的铜。

94. 锌有什么生理功能？

锌分布于机体和各种组织中，其中以肌肉、肝脏和皮毛等器官组织中的浓度较高，精液中也含有较多的锌。锌是多种酶和胰岛素的组成成分，参与碳水化合物代谢。肉鸽缺锌易引起孵化率下降，影响幼鸽成活率。肉鸽日粮含有一定量的锌，一般不会出现缺锌。但生产中多以硫酸锌形式补锌，一是防止锌不足；二是锌具有促进幼鸽生长发育的作用。

95. 锰有什么生理功能？

锰普遍存在于机体各个组织中，其中肌肉中含量最高，肝脏中锰量处于第2位。消化器官中含锰量比较均匀一致，约占体内锰总量的 15%。锰参与形成骨骼基质中的硫酸软骨素，是骨的正常形成所必需。锰同时也是激酶、水解酶和脱羧酶等的组成成分和激活剂，参与胆固醇生物合成，在碳水化合物的代谢中起一定作用。锰缺乏影响成鸽繁殖，降低种蛋孵化率，幼鸽出现骨发育不良等症。通常肉鸽所食植物籽实中锰的含量比较少。生产中需用无机锰补充。常用的无机锰主要是硫酸锰、碳酸锰和氧化锰。

96. 硒有什么生理功能?

硒存在于机体所有组织细胞中，以肝脏、肾脏和肌肉中含量最高。它是谷胱甘肽过氧化酶的主要成分，和维生素E具有相似的抗氧化作用。能分解组织脂类氧化所产生的过氧化物，保护细胞膜不受脂类代谢副产物的破坏。硒还有助于维生素E的吸收和存留。据报道，我国东北、西北、西南及华东等地属硒贫乏地区，该地区生产的饲料含硒量也比较少，用这些饲料饲养肉鸽时必须补充硒，否则常会导致缺硒症发生。目前生产中常用亚硒酸钠作为硒补充剂。

97. 碘有什么生理功能?

肉鸽体内含碘比较少，但碘是甲状腺素的成分，同动物基础代谢密切相关，参与许多物质代谢过程，对于动物的健康、生长和繁殖均有重要影响。因此，缺碘会导致幼鸽生长发育缓慢，成鸽繁殖能力下降，种蛋孵化率降低等症。我国除沿海地区外，大部分地区缺碘，饲养肉鸽时需用碘化钾补充碘之不足。体重0.5千克的肉鸽每日需要矿物元素量见表6-2。

表6-2　体重0.5千克的肉鸽每日需要矿物元素量　　单位：毫克

硫酸铁	0.6	硫酸锌	0.07
硫酸铜	0.06	碳酸钴	0.05
硫酸锰	1.8	碘化钾	0.02

98. 维生素的作用是什么?

维生素是鸽子新陈代谢过程中不可缺少的一种微量有机物质。常用的维生素有：维生素A、维生素D、维生素E、维生素C、维生素K、维生素B族等。体重0.5千克的肉鸽每日需要维生素量见表6-3。

表6-3　体重0.5千克的肉鸽每日需要维生素量

维生素A	200 国际单位	维生素B_6	0.12 毫克
维生素D_3	45 国际单位	维生素B_{12}	0.24 毫克
维生素E	1 毫克	尼克酰素	1.2 毫克
维生素C	0.7 毫克	生物素	0.002 毫克
维生素B_1	0.1 毫克	叶酸	0.014 毫克
维生素B_2	1.2 毫克	泛酸	0.36 毫克

99. 水的作用是什么？

水占鸽体重的70%，能促进食物的消化和营养吸收、输送各种养料、维持鸽的血液循环，并能排除废物、调节体温、维持正常生长发育。缺水比缺饲料的后果更严重，轻度缺水鸽会食欲减退、消化不良，严重缺水会引起中毒甚至死亡。特别是在育雏期间，亲鸽需水量比平时多2~3倍，缺水会影响雏鸽正常生长。因此，每天必须给鸽供应足够量的清洁、新鲜的饮水。一般秋、冬每天每只需20~30毫升，春季30~40毫升，夏季及哺乳期50~60毫升。

100. 粗纤维对肉鸽有营养作用吗？

粗纤维素是一组由纤维素、半纤维素、木质素和果胶组成的混合物，是植物细胞壁的主要组成成分。它不易溶解，是一类不易消化的营养物质，只有在特定酶的分解下才能被动物利用。

肉鸽的胃及小肠没有分泌纤维素和半纤维素酶的功能。摄入饲料所含的粗纤维在胃及小肠中几乎不被利用，虽然其结肠与盲肠中的细菌发酵可以将部分纤维素和半纤维素分解为乙酸、丙酸和丁酸等挥发性脂肪酸及气体，但这些物质产生于后消化道，大部分未吸收就被排出体外。

由上述可见，粗纤维对肉鸽而言，几乎没有营养价值，但粗纤维体积大，吸水量多，不易消化，食入后可以填充胃肠道，给肉鸽以饱腹感。此外，粗纤维进入肉鸽消化道后，对胃肠黏膜有刺激作用，可以加速胃肠蠕动，促进粪便排泄。

所以，肉鸽日粮中含有适量粗纤维是有益的。粗纤维过多会影响其他营养物质消化吸收，而含量不足则会使肉鸽饥饿不安，甚至引起啄羽、啄肛等恶癖发生。通常肉鸽日粮以含3%~5%粗纤维为宜。

101. 肉鸽饲料有什么种类，营养成分如何？

根据肉鸽生长发育和繁殖所必需的营养来分类，肉鸽的饲料分为能量饲料、蛋白质饲料、矿物质饲料和维生素饲料。

（1）能量饲料（又称碳水化合物饲料）

这类饲料主要有玉米、稻谷、小麦、高粱、小米等，都是禾本科作物的籽实，其碳水化合物的含量占70%以上，此外，还含蛋白质7%~12%，脂肪2%~4%，维生素B族较多，除黄玉米和小米含有少量胡萝卜素外，其他籽实均缺乏胡萝卜素。

（2）蛋白质饲料

这类饲料主要是豆科作物的籽实，如豌豆、竹豆、绿豆、蚕豆、黄豆等，蛋白质含量较高，占21%~48%，淀粉含量为34%~65%，粗纤维含量为

5.2%~8.3%，除黄豆、黑豆外，其余的脂肪含量在2%以下，矿物质中除钙高于禾本科作物的籽实外，其余与之相似。

豆科作物的籽实含有丰富的蛋白质，宜以豌豆等含蛋白质中等的豆类喂肉鸽。含高蛋白和高脂肪的籽实如黄豆用量不宜超过4%，并要炒熟，否则会引起嗉囊鼓胀和下痢。

（3）矿物质饲料

这类饲料的主要成分包括钙、磷、钠、钾、氯、铁、铜、钴、锰、锌、碘、硫、镁、硒等元素。这些元素一般存在于饲料中，但数量不足，不能满足肉鸽的需要，需要在日粮中补给，特别是笼养和围棚圈养条件下，肉鸽缺乏矿物元素不仅会生长发育不良，繁殖力下降，而且还会出现多种疾病。常用的矿物质饲料一般是配成保健砂让肉鸽自由采食。

（4）维生素饲料

现在大中型养鸽场，一般采用多维素添加剂。肉鸽缺乏维生素会影响生长发育甚至患病死亡。关于维生素的作用及使用方法，在下面"饲料添加剂的种类与选用"中详细介绍。

102. 肉鸽常用饲料都含有哪些营养成分？

（见表6-4、表6-5）。

表6-4　肉鸽常用饲料营养成分　　　　　单位:%

饲料	水分	蛋白质	脂肪	粗纤维	淀粉糖类	灰分	钙	磷
稻谷	11.96	9.34	1.36	10.77	60.45	6.12	—	—
玉米	11.35	9.55	4.00	2.25	70.97	1.89	0.03	0.18
小麦	12.20	11.10	2.00	1.80	71.00	1.90	0.05	0.79
大米	14.05	7.45	1.45	1.10	74.85	1.10	—	—
高粱	10.00	9.70	3.30	5.50	68.60	2.90	—	0.12
大麦	11.40	11.30	2.00	5.0	66.90	3.20	0.23	24
多穗高粱	14.80	8.20	2.30	1.80	70.80	2.10	0.01	0.16
燕麦	12.03	11.90	3.54	10.41	58.27	3.85	—	—
小米	11.10	70	1.90	4.90	67.60	4.90	0.06	0.33
豌豆	12.80	23.10	1.70	5.60	56.30	2.70	0.32	82
绿豆	11.80	20.80	10	4.70	560	3.70	0.16	0.40
蚕豆	10.40	38.10	1.60	7.50	50.90	2.80	0.65	0.37
黄豆	11.20	46.0	13.10	4.10	27.50	4.20	0.24	0.34
	8.40		16.50	4.80	31.10	4.60	0.24	0.45

表6-5　　每千克饲料的维生素含量　　　　　　单位：毫克

饲料	胡萝卜素	硫胺素	核黄素（B$_2$）	尼克酸（PP）
黄玉米	1.0	3.4	1.0	2.3
高粱	0	1.4	0.7	6.0
大麦	0	3.6	1.0	48.0
小米	1.6	2.1	0.9	23.0
燕麦	0	6.2	1.1	14.0
豌豆	0.4	10.2	1.2	27.0
绿豆	2.2	5.3	1.2	18.0
蚕豆	0	3.9	2.7	26.0
黄豆	4.0	7.9	2.5	21.0
黑豆	4.0	5.1	1.9	25.0

103. 用原粮饲喂鸽，制定日粮配方应掌握哪些原则？

饲料配合，是根据肉鸽的饲养标准和各种饲料的营养成分制定出配方。制定日粮配方应掌握以下原则：

（1）要熟悉和掌握饲养标准和常用饲料的营养成分。配料比例要合理，既要保证肉鸽的营养需要，又要符合经济节约的原则。

（2）要熟悉和掌握各种肉鸽每天的采食量和营养需要量，在配方中使采食量和营养需要量达到平衡。

（3）要注意营养价值与适口性的统一，使肉鸽爱吃。

（4）注意掌握饲料市场价格，选用本地产的营养价值高而又比较便宜的饲料，尽可能降低费用。

（5）不用发霉变质或含有毒素的原料。

（6）注意不断总结经验教训和学习外地先进技术，提高科学饲养肉鸽的水平。

104. 日粮配合有哪些方法？

日粮配合的方法有试差法、百分比法、公式法、作图法、线性规划与最低饲料成本配合法等。比较常用的是试差法和百分比法。

（1）试差法。适合于家庭和一般小型饲养场使用。

第一步，列出每只肉鸽对各种营养物质的需要量。

第二步，根据常用饲料营养成分表，查出现有饲料的各种营养分的含量。

第三步，按能量需要确定各种饲料的比例、数量，然后再用各种饲料的数量与营养成分相乘，即计算出配合日粮的成分。

第四步，求出配合日粮后，再与饲养标准进行对比，如果配合日粮与饲养标准相差5%以内，就可以使用；要是相差超过5%，就要进行调整，使配合日粮与饲养标准大体相符。

第五步，用已经确定的每只肉鸽的日粮，与一个家庭或一个鸽场所饲养的肉鸽总数相乘，就可以得出每天所需要的总的饲料数量。

（2）百分比法。适合于工厂化大型笼养鸽场使用。

第一步，初步确定各种饲料原料所占的百分比。

第二步，从常用饲料营养成分表中查出现有饲料的营养成分的含量。

第三步，用现有饲料的营养成分的含量与各种饲料原料的百分比相乘，即求出每天所需要的各种营养物质量。

第四步，用每天所需要的营养物质量与饲养标准进行对照比较。如果相差不大，就可使用；要是不符合或相差太大，就应调整饲料原料的百分比，使其与饲养标准大体符合或者相近。

105. 常用的传统肉鸽养殖饲料配方有哪些？请举例说明。

配方1：美国肉鸽场的饲料配方如下（见表6-6、表6-7）

表6-6　冬季饲料配方　　　　　　　单位：%

饲料 \ 鸽场	甲鸽场	乙鸽场	丙鸽场
黄玉米	40	35	35
豆子	22	20	20
小麦	19	25	30
高粱	19	20	15

表6-7　夏季饲料配方　　　　　　　单位：%

饲料 \ 鸽场	甲鸽场	乙鸽场	丙鸽场
黄玉米	25	30	20
豆子	30	22	20
小麦	22	25	25
高粱	23	23	35

表6-6、表6-7配方中饲料的取舍依据下面的原则：

（1）配方中，除豆子以外，视季节和相互间的价格变动，哪种便宜用哪种，可互相取代。

（2）甲、乙、丙三个鸽场均可把黄玉米、豆子、高粱和小麦作为肉鸽的主食。

（3）上述三个鸽场均在美国，地点南北相距1000多千米，虽然气候条件不同，但原则上配方还是不作改变。

（4）豆子用量最少20%，最多不超过30%。

（5）冬季玉米在饲料中可占40%～50%，以增加热能。

（6）上述4种原料以外的谷物仍然可以使用。

配方2：育雏期种鸽日粮配方：能量饲料（3～4种）70%～80%，蛋白质饲料（1～2种）20%～30%。

（1）广东省鸽场常用配方：稻谷50%，玉米20%，小麦10%，绿豆20%，火麻仁根据需要和货源情况酌量使用。

（2）深圳一些鸽场常用的配方：玉米45%，小麦13%，高粱10%，豌豆20%，绿豆8%，火麻仁4%。

（3）香港一些鸽场常用的配方：玉米30%，糙米20%，小麦10%，高粱10%，豌豆10%，绿豆15%，火麻仁5%。

配方3：繁殖期肉鸽的日粮配方：豌豆40%，玉米高粱20%，糙米10%，火麻仁10%。

配方4：肉鸽的夏季日粮配方：豌豆30%，玉米绿豆30%，荞麦10%，火麻仁10%。

配方5：肉鸽的冬季日粮配方：豌豆30%，玉米40%，糙米10%，高粱10%，火麻仁10%。

配方6：肉鸽换羽期的日粮配方：豌豆30%，玉米10%，油菜籽10%，火麻仁30%，糙米10%，向日葵10%。

配方7：肉鸽通用饲料配方：玉米40%，小麦（或高粱、荞麦）30%，竹豆25%，绿豆2%，火麻仁3%。

配方7为笔者在广西忻城县种鸽试验场研制采用的配方，可随季节变化作适当调整，夏天玉米应降至15%～20%，同时提高豆类、小麦的比例；冬天火麻仁可加到10%，玉米可加到50%，并相应减少豆类的比例。

106. 肉鸽饲料配方很多，具体如何选用？

以上所列的肉鸽不同生长发育阶段的配方仅供参考。在养鸽生产实践中，实际上可供生产操作的饲料配方仅有两种。一种是离地网上圈养童鸽和青年鸽的饲料配方；一种是笼养繁殖产鸽的饲料配方。因为高产鸽在换羽时一般已不停产，而笼养种鸽群的产蛋、哺乳、孵化都交织在一起，无法分开单独下料，要详细分开也不便于产业化生产管理。一般是按生产目的不同，在鸽场里分为预备种鸽（即童鸽、青年鸽）和种鸽两种饲料。两种饲料在选料品种上随季节不同各略有增减。传统育肥乳鸽的饲料已在繁殖种鸽的饲料中，不再单独将乳鸽分出来育肥，这是现代肉鸽高产技术与传统肉鸽养殖的重要区别。

107. 怎样配制人工鸽乳？

鸽乳，是繁殖种鸽孵化后期嗉囊上皮产生的全浆分泌物。这种分泌物很像哺乳动物的乳，故称鸽乳。据分析，鸽乳含水分75%～77%，粗蛋白质11%～13%，脂肪5%～7%，灰分1.2%～1.8%，磷0.14%～0.17%，钙0.12%～0.13%，钠0.11%～0.15%，钾0.13%～0.15%。鸽乳是初生幼鸽赖以活命的重要物质。

人工鸽乳就是人们为了加速肉鸽繁殖，依据天然鸽乳理化性质配制的乳状物。目前人工鸽乳仍处在研究阶段，还无法投入生产。其主要困难是初生乳鸽弱小，很难灌喂，其次是用人工鸽乳灌喂的幼鸽生长发育速度不理想。

但在肉鸽生产中有时会出现需要人工哺喂的幼鸽，例如种鸽死亡或出售等。为此，我们将人工鸽乳配制方法及比较成熟的配方归纳如下，供生产中参考。

（1）乳状鸽乳

乳状鸽乳多是用牛奶、鸡蛋黄、葡萄糖和消化酶等配制而成。通常是现用现配，即灌喂前先将新鲜牛奶煮沸消毒，蛋黄煮熟，牛奶温度降至35℃左右，将蛋黄研细加入，再加入葡萄糖和消化酶搅匀灌喂。

（2）固体鸽乳

固体鸽乳多是用奶粉、葡萄糖、消化酶配制而成。这种鸽乳是先将奶粉、葡萄糖、消化酶等按比例混合，灌喂时再用沸水冲成乳状使用。

人工鸽乳配方例：

①消毒牛奶60%，葡萄糖40%，消化酶适量。

②消毒牛奶60%，熟蛋黄10%，葡萄糖30%，消化酶适量。

③脱脂奶粉80%，葡萄糖20%，消化酶适量。

108. 怎样配制乳鸽育肥料？

众多研究结果表明：1～7日龄幼鸽人工饲养的难度比较大，成功率比较低。但7日龄后改为人工饲养，不仅成功率高，而且饲喂效果比亲鸽哺喂的还好。因此，肉鸽生产中为了提高种鸽繁殖率，将7日龄后的幼鸽集中人工饲养；为了提高乳鸽商品率，给 7 日龄后的幼鸽进行人工补喂。用于人工灌喂的饲料和人工补喂料统称为乳鸽育肥料。乳鸽育肥料要求营养浓度高，好消化，易吸收。因此生产中多选用优质豆粕、进口鱼粉、脱脂奶粉等高蛋白饲料配制育肥料。

通常是依据配方将粉碎为面的各种原料配合在一起，灌喂前用沸水冲成糊状使用。

乳鸽育肥料配方例：

（1） 7～14 日龄育肥料

①膨化大豆粉 10.0%，豆粕 15.0%，进口鱼粉 6.0%，脱脂奶粉 5.0%，玉米 46.0%，面粉 10.0%，酵母粉 2.0%，骨粉 2.5%，石粉 1.0%，食盐 0.3%，1% 禽用微量元素添加剂 1.0%，禽用复合酶 0.2%，植物油 1.0%，禽用多种维生素（按说明添加）。

②脱脂奶粉 5.0%，市售肉用仔鸽全价料 95%。

（2） 15～28 日龄育肥料

①豆粕 25.0%，进口鱼粉 5.0%，酵母粉 2.0%，玉米 57%，面粉 5.0%，骨粉 2.6%，石粉 1.0%，食盐 0.3%，1% 禽用微量元素添加剂 1.0%，禽用复合酶 0.1%，植物油 1.0%，禽用多种维生素（按说明添加）。

②市售肉仔鸽全价料 95%，面粉 5%。

109. 在生产实践中，随着季节和市场变化，饲料品种改变了，如何使肉鸽营养保持平衡？

各种饲料的搭配比例是可以改变的，应根据各地的具体情况、饲料的来源和价格等因素灵活掌握。但饲料配方中的能量和蛋白质的百分比不能改变。所以，饲料品种改变了，就应重新调整饲料原料的百分比，使其与饲养标准大体符合或者相近。这样才能使肉鸽营养保持平衡。饲料配方拟定后，要经过一段时间试用。如果证明效果良好，就应该稳定下来，不要随便更换，以免引起肉鸽胃肠不适。

110. 鸽场如何改变更换饲料？

由于市场变化，一定要改变饲料时，也要逐步改换，要有 1 周的过渡时间，不要一下子完全停喂或改喂某种饲料。否则会引起应急反应，造成停食，减产。

111. 肉鸽饲料添加剂有什么种类，各有什么作用？

为了满足肉鸽的营养需要，完善或保护日粮营养的全价性，需在饲粮中添加原来含量不足或原来就没有的营养性和非营养性物质，如合成氨基酸、微量元素、维生素、益生素、抗氧化剂、霉制剂、防霉剂、驱虫保健剂等都属于添加剂。添加剂可以提高饲料的利用率，促进肉鸽生长，防治某些疾病，减少饲料贮存期间营养物质的损失或改进肉鸽产品品质，提高产品的商品性等。

112. 肉鸽营养性添加剂有什么种类，各有什么用途?

使用营养性添加剂的目的在于使肉鸽日粮养分平衡。营养性添加剂主要包括氨基酸、维生素和微量元素。

（1）氨基酸添加剂。肉鸽的配合日粮主要由植物饲料组成，而植物饲料中最缺乏的必需氨基酸是赖氨酸、蛋氨酸和色氨酸等，所以必须另外添加。其添加量应根据肉鸽日粮配合时所计算出来的含量与饲养标准中要求量的差额来补足。

（2）微量元素添加剂。通常须补充铁、铜、钴、锰、锌、碘、硫、镁、硒等几种。微量元素添加剂有面市的产品，建议就地采购本地有信誉的正规饲料添加剂厂生产的禽类微量元素添加剂产品。

（3）维生素添加剂。集约化笼养的肉鸽、接种疫苗或处于应激状态下的鸽群，其饲料中一定要添加足够的维生素，才能保证乳鸽生长速度和预防应激反应。

113. 肉鸽非营养性添加剂有什么种类，各有什么用途?

（1）保健助长剂

①抗生素添加剂。主要作用是刺激肉鸽生长，提高饲料效率，防治疾病，保障健康。常用的有杆菌肽锌、土霉素等。但由于长期使用，已使动物体内产生耐药性，现在抗生素治疗疾病的疗效越来越不理想，而禽产品中残留的抗生素又直接威胁着人类的健康，目前生态养鸽已停止使用，在鸽场中倡导使用微生物促长剂、益生素等。

②消化促进剂。

A. 酶制剂　其作用是帮助消化，使肉鸽能充分利用饲料中的营养素。常用的酶制剂有禽用复合酶制剂等。

B. 益生素　又称活菌剂、生菌剂。是一种通过改善肠道菌群平衡而对机体产生有益作用的活微生物添加剂。现在广西各地鸽场多用自己生产 EM 活菌剂兑水供鸽饮用，达到促进消化、鸽粪除臭和减少蚊蝇的目的。

C. 有机酸　养禽生产中使用最广泛、效果最好的是延胡索酸（即富马酸）和柠檬酸。其作用主要是促进增重，提高饲料转化率和成活率，还有抗热应激、促羽毛生长、防啄癖等作用。

D. 大蒜制品　具有促进采食量，提高饲料转化率、成活率和活重的作用。

③驱虫保健剂。主要指添加于肉鸽保健砂中的抗球虫药。

（2）产品工艺剂

①抗氧化剂。饲料中添加抗氧化剂，可防止脂肪及维生素的氧化。常用的有山道喹、丁基化羟基甲苯（BHT）、丁基化羟基甲氧基苯（BHA）。②增香剂。在饲料中添加少量增香剂，可提高饲料适口性和商品性。③工艺用添加剂。用于配制肉鸽保健砂的饲料工艺添加剂主要膨润土、稀土元素等，可作微量元素的增效剂，有助生长作用，用量为2%。

（3）中草药添加剂

在肉鸽保健砂中添加甘草、龙胆草、穿心莲、木炭末等帮助消化和提高抗病能力。

114. 使用饲料添加剂要注意什么？

（1）确保品质。要选择信誉高、质量好的厂家的产品。一般知名厂家的产品质量较稳定，不易出现问题，购买时要货比三家，确保质优价廉，同时要索取发票，以便在出现问题时作为投诉和索赔的依据。

（2）合理添加。饲料添加剂种类繁多，应依据畜禽种类、生长阶段及健康状况有目的地使用，否则会降低效果，甚至会导致畜禽中毒。如一些酶制剂，用于断奶仔猪能补充其体内酶系不健全的体况，用于大猪则没有效果，只会增加成本；用于大猪的添加剂用于小猪有时会引起中毒。另外某些添加剂还要因地制宜使用，如在缺硒地区应选择含硒添加剂以促进生长，以提高饲料利用率；不缺硒地区就不必补硒，否则不但提高了成本，还会引起畜禽中毒。各种饲料添加剂均应按照使用说明进行添加，而不是越多越好。

（3）混合均匀。一般场（户）可先用少量饲料与添加剂第1次混合，然后再用少量饲料进行第2次混合，要一层层混合，直至混合完成，这样容易混合均匀，较好地发挥饲料添加剂的作用，达到预期的效果。

（4）注意饲喂方式。大多数饲料添加剂都要切忌煮沸后使用，否则会使其分解、变质或变性而失效。如维生素、氨基酸、抗生素类。所以饲料添加剂只限于干粉，湿拌（水温低于30℃）后饲喂。

（5）注意配伍禁忌。钙、磷在碱性环境中难于被吸收，所以钙、磷不能与碱性较强的胆碱同时使用；磷可降低肌体对铁的吸收，所以补充铁制剂时，不宜添加过多的骨粉或磷酸氢钙；镁可降低肌体对磷的吸收，所以补磷时，不宜添加过多的氧化镁或硫酸镁；钙、镁、铁等微量元素不要与土霉素同时使用，否则会影响吸收；锌、钙之间有对抗作用，所以添加硫酸锌时不要添加过多的钙制剂；铁、锌、锰、铜、碘等的化合物可使维生素 A、维生素 K_3、维生素 B_6 和叶酸效价降低；维生素 C 过多时可减少铜在体内的吸收和贮存；胆碱碱性较强，可使维生素 B_1、维生素 B_2、维生素 B_6、维生素 K_1、维生素 K_2、维生素 C 和烟酸、泛酸等失效；铁制剂可加快肌体维生素 A、维生素 E、维生素 D 的氧化破坏过程。

（6）勤购少买，妥善保管。购买饲料添加剂时要注意生产日期、保质期和贮存条件，还要根据自己的需要量，不要一次购买过多。如发现饲料添加剂有潮解、结块现象，则说明部分或全部失效，不宜购买。另外用添加剂配制好的全价饲料也应尽量缩短存放时间，一般夏天以 1 周左右时间为宜，冬天存放时间可稍长些，但也不宜超过 3 周。

115. 氨基酸有什么作用，如何选用其添加剂？

蛋白质由 20 多种氨基酸组成。氨基酸有必需氨基酸和非必需氨基酸之分。不用从饲料中获取，在肉鸽体内就能合成的称非必需氨基酸。鸽体内不能合成或合成很少，不能满足需要，必须从饲料中获取的，称为必需氨基酸。氨基酸是蛋白质的基本组成成分。鸽吃了含蛋白质的饲料后，经过消化、分解、吸收。变成各种氨基酸进入血液，再输入体内各组织中，重新组合成组织蛋白。

肉鸽的必需氨基酸约有 10 种，应由饲料中摄取。赖氨酸、蛋氨酸和色氨酸最为重要，机体在利用其他各种氨基酸合成体蛋白时，都要受这三种氨基酸的制约。缺少三种中的任何一种，都会降低其他氨基酸的有效利用率。为此人们把这三种氨基酸称为限制性氨基酸。

饲料中必须氨基酸的含量因饲料的种类不同而不同。用几种饲料配合可以取长补短，提高饲料的营养价值。这就是氨基酸的互补作用。实践中，在选用喂鸽的饲料时，千万要注意饲料的多样化，且注意氨基酸的互补作用，不可使用单一饲料。一般要用 4~5 种饲料配合使用，才能保证日粮中氨基酸的平衡，提高蛋白质的利用率。由于蛋白质含量高的饲料如豆类价格较贵，用多了，造成浪费，又提高了成本。饲料配方如果恰到好处，配合得当，刚好满足肉鸽的正常生长发育、产蛋、哺育后代所需的氨基酸，就会大大降低养鸽成本，获得较高利润。

肉鸽饲料中蛋白质也不是越多越好。日粮中蛋白质含量过高，体内氮的沉积并不能增加，反使排出的尿酸盐增多，降低蛋白质的利用率，造成饲料的浪费和肾脏机能的损害，严重时，甚至会在肾脏、输尿管或身体的其他部位沉积大量尿酸盐，使肉鸽出现痛风，甚至死亡。反之，日粮中蛋白质过低也会影响饲料的消化率，造成代谢失调，影响肉鸽生产力的发挥和因蛋白质不足造成的体质衰弱，抗病力下降，严重时会大批死亡。

氨基酸添加剂的使用：一般豆类饲料中，赖氨酸的含量较高；谷实类饲料中，蛋氨酸和赖氨酸含量较低。肉鸽饲料是以豆类和谷实为主的。如果在日粮中适当添加蛋氨酸或赖氨酸，能节省饲料或强化饲料蛋白质的营养价值。蛋氨

酸和赖氨酸的用量是按日粮中不足的部分进行补充。一般添加量是日粮的0.05%~0.1%。加多了会抑制肉鸽生长，甚至中毒。

116. 维生素有什么作用，添喂方法如何?

(1) 维生素是一组结构不同、营养作用不同、生理作用不同的化合物。维生素既不是提供能量，也不是鸽体组成成分，主要是控制、调节代谢。维生素的需要量很少，但它的功能却非常大。维生素必须从饲料中取得，但一般饲料中维生素含量均不能满足肉鸽的需要，必须另外补充。

维生素是肉鸽生长发育、繁殖所必需的特殊有机物质。饲料中维生素含量虽很少，但却能使饲料发挥最佳效果。维生素对肉鸽的新陈代谢、生命活动起着非常重要的作用。维生素缺乏时，引起的疾病，不是某一器官的病变，而是对整个细胞产生破坏性作用。轻者影响健康，重者成为不治之症，甚至死亡。因此养鸽必须保证维生素添加剂的供应，以补充饲料中维生素的不足。肉鸽从饲料中摄取的维生素有 14 种之多，最易缺的是维生素 A、维生素 D、维生素 B_1、维生素 B_{12}、维生素 E 和维生素 K 等。

(2) 维生素分脂溶性和水溶性两大类。维生素 A、维生素 D、维生素 E、维生素 K 为脂溶性。维生素 B、维生素 C 是水溶性的。其中尤以 B 族维生素的家族最大。主要有：硫胺素、核黄素、钴胺素、烟酸、泛酸、叶酸等。

①脂溶性维生素

维生素 A（胡萝卜素）：维生素 A 与胡萝卜素具有同样的性质和作用。维生素 A 多存在于动物体中；胡萝卜素多存在于植物体中。

维生素 A 的主要营养功能是保护黏膜及上皮组织，维持上皮细胞的正常功能，保护视力正常，增强机体抵抗力，促进生长。缺乏时，幼鸽出现眼炎或失明，发育迟缓，体质衰弱，羽毛松乱，运动失调。如不及时补充，就会出现眼鼻发炎，眼睑肿胀。成鸽缺乏时则出现消瘦，羽毛松乱无光泽。维生素 A 在鱼肝油中含量丰富。水果皮、南瓜、胡萝卜、黄玉米中所含胡萝卜素能在鸽体内转化为维生素 A。肉鸽如果出现维生素 A 缺乏症时，应及时补充，补喂的剂量应比正常需要量大 4 倍。维生素 A 与胡萝卜素都不稳定，易被氧化。所以饲料贮存久了，大多维生素 A 被氧化失效。添加维生素 A 的饲料最好现配现喂。

维生素 D 有近 10 种。在养鸽业中比较重要的是维生素 D_2、维生素 D_3。维生素 D_2 的前体物是麦角固醇，广泛分布在植物性饲料中，经阳光中紫外线的照射后可转化为维生素 D_3。就鸽来说，维生素 D_3 的作用比维生素 D_2 的作用要大 40 倍。维生素 D 的主要营养功能是：有利于钙、磷的代谢，增加钙、磷的利用率。维生素 D 有降低肠道 pH 值的作用，使钙、磷在酸性环境中易于分解，加强肠壁对钙、磷的吸收。舍饲的生产鸽因长期室内笼养，晒不到太阳，容易缺乏维生素 D_3，养鸽一般通过补喂多维素来补充维生素 D_3。

维生素 E 是生育酚的总称。除能防止不育症外，还是体内的抗氧化剂、代谢调节剂。对消化道和体组织中的维生素 A 有保护作用。可提高肉鸽繁殖力。维生素 E 与微量元素起协同作用，以维持肌肉、睾丸与胚胎组织的正常发育和机能。维生素 E 缺乏时，雏鸽可能会患脑软化症、白肌病等。雄鸽出现睾丸退化变性，造成生殖机能减退；雌鸽缺少维生素 E 时，种蛋孵化率降低，胚胎常死于孵化后的 $4 \sim 7$ 日龄。通常添加多维素补充维生素 E，促进乳鸽生长发育，提高种鸽蛋的孵化率。

维生素 K 又称凝血维生素，是血液凝固必需的物质。当肉鸽缺乏时，病鸽易出血，而且出血后不易凝固。在鸽饲料中大豆含维生素 K 丰富，鸽的肠道也能合成一小部分。

②水溶性维生素

维生素 B_1 又称硫胺素，在谷物的胚芽和种皮中含量丰富。维生素 B_1 对碳水化合物在代谢过程中形成的丙酮有解毒作用。是糖类代谢不可缺少的物质。缺乏时，雏鸽生长不良，食欲减退，消化不良，发生痉挛；严重时，出现头向后曳，身体极度弯曲，瘫痪或倒地不起。成年鸽的症状类似雏鸽。维生素 B_1 在酸性环境中稳定，在热和碱性环境中极易被破坏。

维生素 B_2 又称核黄素，是细胞进行呼吸作用时所必须的物质。在蛋白质、脂肪、碳水化合物的代谢过程中，起着重要的作用。当肉鸽缺乏维生素 B_2 时，幼鸽生长缓慢，足趾向内弯曲，有时以关节触地行走，皮肤干而粗糙。雌鸽产蛋下降，种蛋孵化率下降，胚胎死亡率高。维生素 B_2 是肉鸽最重要而又容易缺乏的维生素之一。因此饲养肉鸽要注意补充维生素 B_2。

维生素 B_3 即泛酸，是辅酶 A 的组成部分，与脂肪和胆固醇的合成有关。维生素 B_3 不足时，乳鸽生长不良，羽毛粗糙，骨变得短粗。出现口炎，口角有局限性的损伤，种鸽孵化率降低。维生素 B_3 与维生素 B_2 的利用有密切关系。当一种缺乏时，另一种就要增加。泛酸极不稳定，在与饲料混合时，容易被破坏。玉米和豆类含维生素 B_3 很少。因此在以玉米豆类为主的肉鸽日粮中应注意添加多维素，以补充维生素 B_3。

维生素 B 又称烟酸、尼克酸，它在碳水化合物、脂肪、蛋白质的代谢中起着重要作用，并有助于产生色氨酸。雏鸽的需求量很高。缺乏时会引起肉鸽黑舌病。主要症状是病鸽舌和口腔发炎，生长受阻，采食减少，羽毛发育不良，脚和皮肤呈鳞状皮炎。成年鸽缺乏时，种蛋孵化率降低，胚胎死亡率高。出壳困难或出弱雏。虽然饲料中有一定含量，但因饲料中的烟酸大多不能利用，所以在生产实践中要添加维生素 B，以每 500 克饲料添加 10 毫克为宜。烟酸性质稳定。

维生素 B_6 又称吡哆醇，有抗皮炎作用。与碳水化合物、脂肪、蛋白质代谢有关，缺乏时发生神经障碍，表现症状是病鸽长时间抽搐而死亡。雏鸽缺少时，生长缓慢、皮炎、脱毛、出血。成鸽缺乏时，产蛋下降。但因维生素 B_6 在饲料中含量丰富，并且在体内也能合成，所以肉鸽不易缺少。

维生素 B_{12} 即钴胺素，是含钴的红色维生素。参与核酸、甲基合成，参与糖类、脂肪的代谢，对蛋白质的利用起着重要作用。有助于提高造血机能，因而能抗贫血。维生素 B_{12} 能提高日粮中蛋白质的利用率。缺乏时产蛋下降，孵化率低。植物性饲料中不含维生素 B_{12}。所以在鸽饲料中要注意添加。

叶酸与维生素 B_{12} 共同参与核酸的代谢和核蛋白的形成。缺乏时，因血球中的血红蛋白减少而发生贫血。雏鸽缺少叶酸时，则生长缓慢，羽毛生长不良、贫血、骨短粗。生产鸽缺少时，种蛋孵化率低。胚胎期出现胫骨弯曲、下腭缺损、并趾、出血。常用饲料中含量丰富。所以肉鸽一般是不会缺乏的。对严重贫血的雏鸽可肌肉注射 50～100 毫克，1 周即可恢复。

维生素 H（又叫生物素）能抗蛋白毒性因子。参与脂肪和蛋白质的代谢。缺乏时主要表现为皮炎、脱毛、生长停滞。维生素 H 肠内能合成，一般不会缺乏。

胆碱能调节脂肪代谢，对蛋白质合成有很好的影响。缺乏时引起脂肪肝，繁殖率下降，食欲减退，羽毛粗乱。雏鸽生长受阻，造成骨短粗症。一般饲料中含量丰富，不会缺乏。

维生素 C 又称抗坏血酸。参与糖类和蛋白质代谢。可提高肉鸽免疫力，促进肠内铁的吸收。缺乏时发生败血症，生长停滞，体重减轻，身体各部发生出血或贫血。一般肉鸽不会缺少，但应激情况下也会不足。不足时可补充多维素。

117. 保健砂在养鸽中居什么地位，有什么作用？

保健砂的作用主要是补充日粮中营养成分的不足。不喂保健砂的鸽子，生长繁殖缓慢，严重的会出现营养代谢病。笼养鸽不喂保健砂，不仅生长繁殖停止，还会慢慢消瘦死亡。许多养鸽场不能取得好的经济效益，除饲料不足或疾病因素外，主要是不注意配制和使用保健砂。所以在养肉鸽过程中，配好保健砂，使日粮的营养成分趋于完善，是养好肉鸽的关键技术之一。所配保健砂的好坏，已成为衡量传统养鸽技术水平高低的标志。

118. 配制保健砂需要哪些原料？如何选择？

（1）红土。即红色的黏土，含有丰富的铁质和稀土元素，使用时应采集深层的新鲜红土。没有红土也可以用黄泥代替。

（2）沙粒。采用不含卵石的粗河沙。其在禽类的肌胃中能磨碎食物，帮助消化。缺乏沙粒，肉鸽会出现消化不良。

（3）贝壳粉。由各种贝壳粉碎而成，主要成分是碳酸钙，其中含钙40%左右。贝壳粉是良好的钙质补充饲料。

（4）石膏。主要成分是硫酸钙，对羽毛生长有良好的促进作用。

（5）石灰渣。指建筑工地上使用石灰时过滤石灰浆后剩下的渣，主要成分是氢氧化钙。石灰渣是肉鸽常用的钙质饲料。

（6）骨粉。是用新鲜兽骨经高温蒸黄或烘烤后粉碎而成的。若采用骨粉厂生产的农用骨粉，一般用前要炒香（消毒）。其主要成分为磷酸钙，含钙38.7%，磷20%，是优质的钙、磷补充饲料。未经高温消毒的骨粉不宜用，否则容易引起传染病。

（7）蛋壳粉。是将孵房的废蛋壳炒香（消毒）研粉而成，含有大量碳酸钙（含钙40%左右），是良好的钙质补充饲料。

（8）食盐。肉鸽特别爱吃盐。盐的成分是氯化钠，海盐还含有碘，给肉鸽喂盐可补充钠和碘。

（9）生长素。目前市面上出售的多数是畜禽通用生长素，以禽用生长素较好，除含钙外，还含有铁、铜、钴、锰、锌、碘、硫、镁、硒等元素，可拌入保健砂作为肉鸽的矿物元素补充饲料，有增进健康、促进生长和防病的作用。

（10）中草药粉。常用甘草粉、龙胆草（或穿心莲）粉等，清凉解毒，帮助消化。

（11）木炭末。烧柴制成的黑炭粉碎而成，能吸附消化道内有毒物质。

119. 保健砂如何配制？

目前中小鸽场配制保健砂时，绝大多数不加生长素。这种缺乏生长素的保健砂营养不全，效果也差，因此在保健砂中必须加进4%的禽用生长素，才能满足肉鸽生长发育所必需的矿物元素。

（1）用料的选择与要求。选用的原料必须清洁干净。红土要深层的，不宜采表土。骨粉要用骨粉厂生产的，如果自己加工骨粉，要进行高温消毒和脱脂处理后才能用。石灰渣应是用水泡过滤除灰浆后剩余的熟石灰颗粒。河沙用颗粒如同芝麻大的黄沙最好。石膏粉是采用生石膏研粉，不用熟石膏粉。没有贝壳粉可用田螺、蚌壳粉代替。木炭末是烤火用的黑木炭研成的粉，不是灶灰。食盐一般采用市面上销售的食盐，生盐比熟盐好，海盐比岩盐好。

（2）配制方法。

①少量养鸽（如小型鸽场或养信鸽）配制。所有原料（除食盐外）应分别粉碎研细过筛，然后拌和均匀；再将食盐溶于水后，倒入混合的原料中拌和；最后捏成拳头大小的圆团，晾干备用。

②大中型鸽场配制。用小型粉碎机将消毒后的原料粉碎搅拌即成。

120. 各地常用的保健砂配方有哪些？

配方一（广东各地鸽场采用）：黄泥30%，细沙25%，贝壳粉15%，骨粉10%，生石膏、熟石灰、木炭末、食盐各5%。

配方二（广东各地鸽场采用）：黄泥5千克，细沙5千克，骨粉2千克，贝壳粉7.5千克，熟石灰3千克，木炭末1.5千克，龙胆草末150克，食盐750克，甘草末100克。

配方三（广东省家禽研究所使用）：贝壳粉25%，骨粉8%，陈石灰5.5%，中粗砂35%，红泥15%，木炭末5%，食盐4%，红氧铁1.5%，龙胆草粉0.5%，穿心莲粉0.3%，甘草0.2%。

配方四（原广州市信鸽协会使用）：贝壳粉40%，黄泥20%，石灰头20%，细沙10%，食盐5%，木炭末3%，红氧铁2%。每50千克加龙胆草末50克，甘草粉50克。

配方五（香港鸽场采用）：细沙60%，贝壳粉31%，生盐3.3%，二氧化外铁0.3%，牛骨粉1.4%，甘草粉0.5%，明矾0.5%，龙胆草粉0.5%，木炭末1.5%，石膏粉1%。

配方六（昆明信鸽协会及军鸽场采用）：红壤土20%，河沙20%，骨粉20%，蛋壳粉10%，食盐10%，木炭末10%，砖末10%。

配方七（台湾及美国一些鸽场采用）：贝壳粉40%，红土35%，木炭末10%，骨粉、细花岗岩粉、食盐各5%。

配方八（笔者上个世纪80年代初在广西忻城县种鸽试验场采用）：贝壳粉20%，细沙25%，红土（或黄泥）26%，骨粉10%，木炭末、食盐、石灰头（堆沤久的石灰颗粒或滤过灰浆的石灰渣）各5%，禽用生长素4%。

配方九（笔者2001年在南宁地区良种肉鸽培育推广中心采用）：贝壳粉20%，中粗河砂25%，红黏土或黄泥25%，骨粉10%，木炭末、食盐、石灰各5%，禽用生长素4%，红铁氧0.5%，龙胆草粉0.3%，甘草粉0.2%，消毒研细混合均匀即成。

121. 使用保健砂有什么注意事项？

（1）按每只鸽每天3~5克的量放在保健砂杯里，让肉鸽自由采食，少量多餐投喂，鸽吃完了再添，以保证保健砂清洁新鲜。

（2）被粪便污染过的保健砂不宜喂肉鸽。

（3）保健砂含盐容易回潮，但不影响质量。若保健砂潮湿，不能用锅炒或放在太阳下晒，否则保健砂中的某些营养成分会受热分解。

122. 营养丸使用效果怎样？

笔者在20世纪80年代初期，承担广西良种肉鸽开发研究科研项目期间发现：肉鸽的生活习惯是采食自然颗粒饲料，乳鸽和预备种鸽对营养要求较高。按一般的饲喂方法，靠母鸽自然哺乳，乳鸽和备种鸽很难获得必需的营养物质，不能发挥其最佳生长性能。常常表现为种鸽个体退化和乳鸽生长缓慢。为了培育出优质乳鸽和优良种鸽，必须采取补喂营养丸的办法。在广西20多个鸽场进行试验，用初级营养丸喂13日龄乳鸽1周，每只体重比对照组高100～150克；用高级营养丸喂留种乳鸽进行复壮，15～20天乳鸽可增重150～200克。这样，多数450克左右的雌鸽，只要雄鸽在600克以上，就能培育出600克左右的种乳鸽。这种方法可有效防止肉鸽品种的退化。

123. 肉鸽营养丸的成分如何，如何配制？

葡萄糖，麦乳精、奶粉、面粉、大米粉、玉米粉、木薯粉以及其他蛋白质和淀粉类食品等，均可作为配制营养丸的基础原料。再适当添加多种维生素、生长素，氨基酸、生物促长剂、保健砂等，混合拌匀，搓制成玉米粒大小的颗粒，晾干后就可喂肉鸽。根据用料不同，可以分为初级营养丸和高级营丸。

（1）初级营养丸。适合家庭饲养肉鸽培育预备种鸽和乳鸽病后复壮用。多种维生素1克，禽用生长素、骨粉、奶粉各50克，鲜鸡蛋、保健沙各100克，面粉（木薯粉或玉米粉）250克，加少量冷开水拌和，制成玉米粒大小的颗粒，晾干装瓶备用。

（2）高级营养丸。适合鸽场育种用。在初级营养丸的基础上再加进赖氨酸、蛋氨酸、胱氨酸等，蜂蜜调成玉米粒大小的颗粒备用。参考配方：面粉（或木薯粉、大米粉、玉米粉）500克，赖氨酸、蛋氨酸各25克，奶粉、麦乳精、鲜鸡蛋、禽用生长素、黑芝麻、骨粉各100克，多种维生素10克，自配保健砂200克，蜂蜜150克，冷开水适量，混合制成玉米粒大小的颗粒3200粒左右。

124. 如何用营养丸喂鸽？

（1）初级营养丸的用法。10日龄以上的乳鸽，每天早晚各1次，每次灌服2粒，同时加喂1粒鱼肝油丸和1片酵母片，连喂15天，预备种鸽连喂20～25天。发现乳鸽轻泻立即停喂，并喂给止泻药。

（2）高级营养丸的用法。因为制作较复杂，成本也高，一般用来喂育种鸽。10 日龄以上的乳鸽每天 2 次，每次 1～3 粒。开始几天喂少些，以后逐渐增加。同时加喂 1 片酵母片，连喂 20～25 天。

125. 生产、使用营养丸有什么注意事项？

（1）以现配现用较好，若成批制作，宜在 1 周内用完。

（2）发育良好、个体健壮的乳鸽和预备种鸽以及病后康复的成年鸽均可使用。体质差、瘦弱的肉鸽慎用，少用。用后遇到消化不良或下痢应立即停止使用，并及时给予助消化药或止痢药物。

（3）营养丸应阴凉风干，严禁锅炒或太阳曝晒，宜保存在干燥、避光处。

（4）使用营养丸要严格控制范围和用量。上市出售的商品乳鸽一般不宜使用。

126. 生态高产肉鸽饲料由哪几部分构成？

过去饲养肉鸽只要求混合杂粮和保健砂两种饲料，良种肉鸽的产量只能达到 14～16 个仔左右的水平。产量要再提高，要科学搭配，选好、用好 4 种饲料：

（1）混合杂粮——肉鸽的基础饲料，维持原生态养殖。

（2）保健砂——补充原粮营养不足、帮助消化、促进生长、防病。

（3）颗粒饲料——减少产鸽和乳鸽磨碎食物的时间，快速消化吸收，提高乳鸽生长速度。

（4）微型添加饲料——由多种维生素、氨基酸和葡萄糖组成。补充上面 3 种饲料营养量吸收不足。

用好 4 种饲料保持产鸽高产繁殖营养水平，并达到乳鸽限期增重指标。

127. 怎样配制和使用保健砂浓缩料？

（1）设计原理

①鸽日需保健砂 5 克/只，在 5 克保健砂中必须含有微量元素的日需要量。100 千克保健砂供 20000 只鸽 1 天食用。

②在原料选择上，红土中已经含有一定数量铁，所以配方中硫酸亚铁用量减半。

③保健砂浓缩料占保健砂配方的 4%。

（2）配方

①微量元素（日需要量）：硫酸亚铁 40 毫克，硫酸铜 0.06 毫克，硫酸锌 0.07 毫克，硫酸锰 1.8 毫克，碳酸钴 0.05 毫克，碘化钾 0.3 毫克，亚硒酸钠 0.15 毫克。

计算配制 100 千克保健砂上述各微量元素的用量。并合计出总重量。

②龙胆草等添加剂共 1900 克。

③以上①＋②＋载体＝4000 克（占肉鸽保健砂总量 4%）

（3）制法：将各种原料分别粉碎，混合拌匀分装。每 2000 克 1 袋。

（4）在保健砂中浓缩料占 4%，即每袋可配成 50 千克保健砂。

128. 新型肉鸽保健砂如何配制与使用？

广西鸽协从全国 10 个优秀大鸽场采用保健砂配方中选出 23 个进行分析评价，创新设计出本低效高的实用配方，供鸽协会员使用。

（1）配方组成

①配方 1（配 1 次可用 2～4 个月，适合中小鸽场采用）：

蚝壳片 25%，中粗河沙 20%，红土（或黄泥）26%，磷酸氢钙（原名：农用骨粉）10%，木炭末、石灰、食盐各 5%，保健砂浓缩料 4%。

②配方 2（现配现用，适合大鸽场采用）：

蚝壳片 25%，中粗河沙 20%，红土（黄泥）20%，磷酸氢钙 10%，木炭末、石灰头、食盐各 5%，保健砂浓缩料 4%，酵母粉 2.6%，鱼肝油 1%，赖氨酸 1%，蛋氨酸 0.8%，多维素 0.6%。

（2）配制保健砂注意事项

①配料选用要求　要保证原料的清洁、干净。红土（或黄泥）采地表 60 厘米以下的土层，中粗河沙用清水洗去尘土暴晒消毒，农用骨粉要炒香（高温消毒），石灰是滤除石灰浆后的石灰渣。啄毛灵在平时种鸽若无啄毛的情况下可不放。

②配料要充分拌匀　保健砂中微量元素、氨基酸、维生素、药物、食盐等必须充分拌匀，否则会引起中毒。

（3）使用保健砂注意事项

①配好的保健砂因含有盐分，容易回潮，需放在缸或桶内密封保存。

②鸽子既很需要保健砂，采食量又不大，因此每次在保健砂杯中添加保健砂量不可太多，以免造成浪费。

③中型鸽场采用配方 1 时，喂鸽前还需将配方 2 中最后面 5 种原料一起拌入，充分拌匀再投喂。

④小鸽场养殖数量太少的，可将酵母粉、鱼肝油拌入保健砂（配方 1）中投喂，其他加入饮水中投喂。

⑤发霉变质的保健砂要停止使用。

129. 什么是新型颗粒饲料配制技术？

目前在肉鸽养殖业中，流传一种说法："在鸽饲料配方中不加豌豆养不好鸽"。这是没有科学根据的。在鸽饲料配方中加入豌豆主要作用是增加植物性蛋白质含量，用其他植物性蛋白质含量高的原料来代替豌豆喂鸽，同样能达到用豌豆养鸽的效果。其实，国内大的饲料厂早已不用豌豆，而用豆粕来生产肉鸽颗粒饲料了，不是照样能养好鸽吗？随着豌豆市场价格不断上涨，要能大批量地买到好的豌豆还比较困难。为了降低养鸽成本和解决肉鸽大生产中营养平衡问题，特研制这一新型肉鸽饲料配方，供有能力自产颗粒饲料的鸽场使用。

（1）新型饲料配方的设计原则

种鸽繁殖拼 3 个仔、商品乳鸽育胚拼 4 个仔，而且要求 21 天体重达到 600克以上，要在产业化大生产中推广这一高产技术，必须考虑两个关键问题：

关键一：拼仔育雏后，产鸽需要照顾的乳鸽增多，要将原来喂 2 个仔的营养分配给 3～4 个仔，导致每个乳鸽获得的营养减少，解决方法是在饲料中提高蛋白质及其他营养物质含量。要在生产工艺上能做到这一点就是把普通颗粒变成浓缩营养丸。使产鸽采食总量不增加太多，又能满足哺乳 3～4 个仔的营养要求。

关键二：要提高乳鸽生长速度、缩短繁殖周期赢得时间，使乳鸽生长期缩短 1 星期（农村养鸽由 28 天缩短至 21 天，城镇养鸽从 25 天缩经至 18 天，种鸽年产就可多得 2～3 窝的产蛋时间）。

围绕这两个关键，提出高蛋白营养丸（颗粒料）与低蛋白原粮混合使用的新型饲养方法，喂原粮维持原生态饲养，喂高蛋白营养丸解决拼仔后的营养补充并加速消化吸收，在产业化大生产中实现"三高"——高产、高质、高效。

（2）肉鸽新型无豌豆饲料配方组成

①原粮部分：玉米 50%，小麦 40%，糙米 10%，合计 100%。总消化能13.779 兆焦/千克，总粗蛋白 9.97%。

②颗粒料——高蛋白营养丸：玉米 34%，豆粕 37%，小麦 10%，麦麸7%，食用酵母粉 4.2%，骨粉 3%，保健砂浓缩料 1%，鱼肝油 1%，食盐0.5%，赖氨酸 0.8%，蛋氨酸 0.5%。另外：每吨添加自产的鸽专用蛋白消化酶及中草药添加剂共 3 千克。总消化能 11.104 兆焦/千克，总粗蛋白 23.5%。

①、②按 5:5 混合：总消化能 12.441 兆焦/千克，总粗蛋白 16.73%。

130. 新型颗粒饲料与原粮搭配使用技巧？

原粮与新型颗粒饲料搭配使用，维持肉鸽养殖原生态。

（1）5:5 混合（总消化能 12.441 兆焦/千克，总粗蛋白 16.73%）使用：饲喂哺乳产鸽，产蛋种鸽。

（2）3:7（颗粒 3、原粮 7）混合（总消化能 12.94 兆焦/千克，总粗蛋白

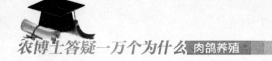

13.98%）投喂：上笼前青年预备种鸽。

（3）7∶3（颗粒7、小粒原粮3）搭配（总消化能11.91兆焦/千克，总粗蛋白17.44%）投喂。拼3仔、4仔，哺乳后期的产鸽和离窝后1个月的童鸽。

（4）对哺乳鸽投料时间和方式都很讲究。虽然按颗粒7、小粒原粮3搭配，但是在早上第1餐是分开投料的，先投放颗粒饲料，让产鸽吃后全部哺喂给乳鸽。到第2餐颗粒饲料与小粒原粮才混合投料。这样投料实际上乳鸽早上第1餐获得粗蛋白23.5%，所以能大大加快乳鸽生长速度。

七、肉鸽的饲养管理

131. 乳鸽生长发育有何特点?

乳鸽有两种含意:一是指生长发育,即从出壳到离巢为止(一般是 1 ~ 25 天,农家养鸽饲养条件差些,可延长到 28 ~ 32 天);二是指商品乳鸽,即亲鸽哺喂到后期,乳鸽达到最肥、最重阶段一般指 21 ~ 28 天,平均 24 天,可上市出售。生长快而自己又不会采食,是乳鸽生长发育最突出的特点。

132. 根据乳鸽生长发育特点,在饲养管理上要注意抓好哪些工作?

在饲养管理上要注意抓好 6 点:

(1)哺乳阶段要精心养好亲鸽,给亲鸽补喂高蛋白质饲料、矿物质、微量元素和多种维生素,提高饲料的质量,满足乳鸽迅速生长发育对各种营养的需要。

(2)出壳 1 ~ 8 天,全部由亲鸽哺喂鸽乳,乳汁逐步由稀到浓。这阶段乳鸽鸽还不能自己站立和移动,应防止踩伤和鼠害。发现乳鸽大小不一要及时给它们更换位置,防止因哺乳不均而出现一大一小的"鸳鸯鸽"。

(3)从第 9 天起,亲鸽开始灌喂由少量鸽乳拌和经嗉囊液浸润软化的颗粒饲料,这期间给亲鸽的饲料要小粒,易消化。同时,避免饲喂尖利的稻谷和荞麦,以免刺破乳鸽的食道和嗉囊。

(4)从 12 ~ 13 天起,乳鸽食量增大,易出现消化不良、嗉囊积食、咽部发炎等疾病。每日应给乳鸽喂半片酵母片帮助消化。给亲鸽的饲料最好先用水泡软晾干再喂。为给乳鸽增加营养,逐步加大亲鸽维生素和保健砂、食盐的投喂量。

(5)15 ~ 18 日龄,乳鸽可进行人工育肥,在饲料配方中加大蛋白质、维生素和矿物微量元素的投喂量,产业化生产乳鸽,一般不再将乳鸽隔离出来专门催肥,只是增加高蛋白颗粒饲料投喂量。经过 7 ~ 10 天育肥就可出售。

(6)整个哺乳期间,亲鸽不宜喂稻谷,荞麦等尖利的颗粒饲料,以防刺破乳鸽的食道。饲料配方中的小麦用前要用清水洗去粉尘,以防诱发念珠菌病。另外,巢房要注意清洁卫生,为乳鸽创造良好的生活环境。

133. 什么叫童鸽,它的生长发育有何特点?

离窝后 30 ~ 60 日龄的幼鸽称为童鸽。童鸽生长发育的特点是:在自然采食情况下，随着日龄的增长体重逐渐减轻。50~60 日龄体重降到最低点，约比 30 日龄减轻 100~150 克。这段时间是幼鸽生活的转折点，由亲鸽哺喂到学会自己采食。由于童鸽对环境适应能力较差，这段时间最容易生病。

134. 童鸽在饲养管理上要注意抓好哪些工作?

加强营养和防病是这一段饲养管理的重点。特别注意童鸽与成年鸽分开饲养时，饲料要有 7 天的过渡期，饲料要小粒易消化，先用全价颗粒饲料喂 2~3 天，再加小粒原粮，由少到多，过渡到预备种鸽饲料。即原粮中加入 30% 的肉鸽颗粒饲料。饮水要新鲜清洁，鸽舍要通风透光干燥。童鸽和青年鸽宜在网上离地圈养。晚上不能让童鸽在地上过夜。

135. 什么叫青年鸽，它的生长发育有何特点?

61~150 日龄称为青年鸽。全部换毛和逐步恢复体重是青年鸽生长发育的特点，这一阶段鸽要完成长骨架、丰满羽毛和增强活动能力。

136. 青年鸽在饲养管理上要注意抓好哪些工作?

在饲养管理上要求满足青年鸽对各种营养物质的要求，特别要注意喂足够的保健砂。补给充足的盐和铁。90~120 日龄要限饲，防止早熟，影响生产能力。4~5 月龄时要抓紧驱虫和选种配对。

137. 什么叫成年鸽，它的生长发育有何特点?

性成熟是成年鸽的标志。一般良种成年鸽体重在 600~800 克之间，重的可达 1000 克以上。目前我国各地饲养的良种肉鸽具有早熟的特点。有的雌鸽在 4 个半月龄就开始产蛋，一般在体成熟前（6 月龄以下）雌鸽产的蛋要弃去，到第二次产蛋才让孵化。成年鸽开始繁殖后，体重继续增加，繁殖到第 3 窝仔、接近 1 岁时，身体发育才定型，体重增长才停止。此时饲料管理好的成鸽体重可以比离窝时的乳鸽增重 100~150 克左右。1 岁以上的成年鸽，哺乳前后体重相差 50~100 克，热天和冷天体重相差 100 克左右都是正常的。

138. 肉鸽日常饲养管理要点是什么?

（1）童鸽与青年鸽分群饲养。童鸽与青年鸽分群饲养，以便于管理和观察鸽子的动态。一般童鸽以 40~50 对为一群，青年鸽 100 对为一群。

（2）定时、分餐饲喂。一般童鸽每天喂 4 餐，上午 7 点、11 点，下午 2 点、5 点各喂 1 餐。产鸽喂 3 餐，上午、中午、下午各喂 1 餐，带仔鸽晚上 8~9 点加喂 1 餐。每次放料不宜多，否则鸽会挑吃，造成浪费。

（3）注意补喂铁质和食盐。鸽的生长发育对铁和盐有特殊的要求，应在保健砂中加入足量，让鸽任意采食。

（4）全天供水。因为鸽是采食干颗粒饲料，要有足够的水分才能消化，所以鸽的饮水要整天供给，并要保持水质新鲜清洁。防病药物亦可溶于水中供鸽饮用。

（5）定时洗澡。鸽特别喜欢水浴。应按季节、气候安排鸽的洗澡时间和次数。夏天每周 3～4 次，冬天每周 1 次。选择天晴有阳光的时候，在中午 11～12 时让鸽洗澡较好。大型鸽场一般是在鸽笼上方安装自来水管喷淋，洗 1 次开 10～15 分钟，以鸽身淋透为宜。目前绝大多数鸽场已经没有给鸽洗澡了，所以体外寄生虫较多。

（6）定期清洁消毒。大群饲养时鸽舍应每星期清扫、除粪 1 次，少量饲养每星期清扫、除粪 1～2 次，食槽、饮水器每周用 0.1% 高锰酸钾溶液刷洗消毒 1 次，在每次乳鸽离巢后清洁消毒巢盆和更换清洗垫布 1 次。农村饲养巢盆底部垫草的，要全部更换。

（7）做好生产记录。生产记录包括留种鸽和童鸽的生产动态、种鸽产仔、乳鸽出笼、饲料消耗、疾病防治等。做好详细记录，对反映生产、指导生产、改善经营管理有很大帮助。

139. 如何科学安排饲养员一天的工作?

大鸽场饲养员一天的工作时间通常是这样安排的：

（1）开始上班，先用 10～20 分钟巡察工作区 2 遍，发现问题及时处理，发现病鸽立即隔离出来。

（2）清洁饲槽、饮水杯和巢盆完后，投放饲料，头餐喂鸽要早，一般要求在上午 8:30 饲喂完毕。

（3）8:30～10:00 逐窝检查孵蛋育雏情况，同时给病鸽打针喂药。

（4）11:30 下班前进行第 2 次喂鸽。

（5）下午上班（下午 2 点）首先观察鸽群 5～10 分钟，然后做好产鸽精细护理：包括巢窝清理，更换垫布，给 6 日龄小乳鸽更换位置，给带仔鸽补料。15:00 第 3 次喂鸽。

（6）17:00 下班前，第 3 次检查鸽群健康情况，并作好当日生产记录。大鸽场一般在下班前给哺乳鸽补料，小鸽场和农家饲养多在 20:00～21:00 给哺乳鸽添料。

140. 怎样编制乳鸽饲养管理日历?

1 日龄：①给出壳幼鸽抽测体重。一般一个品种一个季度抽测 1 次数量 30 只，做好记录。②初产鸽不会喂仔的要人工助喂，在仔鸽出壳后 4～5 小时进行，将仔鸽的嘴放进母鸽嘴里，教其哺乳，反复 2～3 次亲鸽就会哺了。③冬天气候寒冷，在巢盆里加一层麻袋垫布，给仔鸽保温，鸽舍要用塑料编织布挡风。④保持鸽舍安静不受惊扰，不让陌生人到舍内参观，以免产鸽惊慌踩死仔。⑤下午下班前或晚上给产鸽加 10 克左右饲料。冬春日照短，晚上开灯 2~3 小时增加光照。

2 日龄：①2~5 日龄乳鸽容易喂得过饱，出现消化不良时，可给公母鸽各喂 2 片酵母片，让药通过鸽乳给仔鸽。②鸽群饮水 1 天。③夏日高温，注意降温防仔鸽中暑。④注意清除笼下积粪，保持清洁干爽。

3 日龄：①仔鸽在巢盆内积粪较多，应随时更换垫片。②2 只仔鸽中有 1 只死亡，或只孵出 1 只仔，可将单仔与日龄相同或相近的乳鸽并窝。③注意饮水清洁卫生。发现水被粪便污染立即清洗水杯。

4 日龄：①饮水中加入高锰酸钾浓度以达到桃红色为好，鸽群饮用 7~8 小时后更换清水。②停喂荞麦（三角麦）、稻谷等尖利饲料。玉米要选细粒的，以利乳鸽消化。③夏日给乳鸽喂半片维生素 B_6 防蚊咬。④大鸽场批量产出的（指有 200 只仔鸽以上），给乳鸽接种禽痘弱毒疫苗。⑤夏天防中暑，鸽舍温度达 35℃ 以上要给产鸽喂绿豆水降温。

5 日龄：①产鸽每日加料 20~25 克。②5~25 日龄每周饮水加入金维他 3 次。③5~16 日每隔 3 天更换 1 次巢盆内的垫麻布。④5~25 日龄保健砂中增加 3% 的蛋壳粉。⑤5~7 日连喂 3 天土霉素，拌入保健砂或溶于水中饲喂。

6 日龄：①给同窝大小 2 只乳鸽换位置。②此日起饲料中增加颗粒饲料比例，哺乳要求蛋白质达到：带 2 仔 16%，带 3 仔 19%，带 4 仔 23%，直至乳鸽出笼。③注意预防毛滴虫、副伤寒和鹅口疮。

7 日龄：①第 2 次给乳鸽测重。②留种乳鸽可戴上脚环，注明同窝兄妹鸽标识，以利配对时辨认，也可用固定电线铝铂代替。③下午下班前或晚上给带仔鸽加喂 1 餐，直到出笼。

8~10 日龄：①这几天是鸽痘、下痢、消化不良等疾病的高发期，要注意做好预防。②给鸽群连喂 3 天中草药水防病。药方：山芝麻、大青叶、茅草根、一点红、凤尾草等。③保健砂颗粒不宜太大，以绿豆大小为宜。④给鸽喂易消化的小粒饲料。⑤注意不让乳鸽受饿，但也防止喂得过饱。

11~15 日龄：①检查 4 日龄种痘的乳鸽，没有痘痂出现的要重新补种。②加强清洁卫生和防蚊。③12~15 日龄可将乳鸽从巢盆移至笼下垫布上，同时清洁巢盆换上干净垫布，为给种鸽下蛋做好准备。④14 日龄进行第 3 次测重。⑤对弱小乳鸽每天补喂蛋白质和维生素饲料，同时灌喂保健砂和酵母片各 1 粒。⑥人工育肥的乳鸽从 14 日龄起在饲料中加入赖氨酸和蛋氨酸。⑦继续做好副伤寒、念珠菌病、毛滴虫病的预防工作。

16～20 日龄：①高产的母鸽又开始下蛋，注意已下蛋母鸽的喂仔情况，如发现有的产鸽不喂仔了，要将仔鸽隔离出来进行人工哺乳。②人工育肥乳鸽，料水比为 1：2.5～2.8。喂量每天每只 20～25 克，分 3 次喂，每只每天喂 1～2 粒保健砂。③开始育肥头 2 天，不宜喂得过饱，每次以 18～20 克为宜，2 天后每次增至 20～28 克。④由亲鸽带的乳鸽，每天耗饲料较多，应注意补充，以满足乳鸽生长发育需要。⑤这段时间用碘溶液配水供产鸽饮用 1 天。⑥发现乳鸽拉水样粪便，可用 EM 活菌剂对水供鸽饮，连喂 3 天。⑦检查乳鸽生长情况，对发育不良的三类乳鸽除补料外，每只每天应另补喂营养丸 2 粒。保健砂 2 粒。

21～30 日龄：①21 日龄进行第 4 次测重。②22 日龄以后，人工育肥乳鸽料水比为 1：2，用冷开水（冬天用温开水）调配。③22～25 日龄是乳鸽上市最佳时间，应抓紧出售，乳鸽出售前 7 天就要停喂抗生素、驱虫药和激素药品，以防乳鸽体内残留超标，危害人体健康。④未达到体重出笼的乳鸽，继续养至 28～30 日龄，到 30 日龄，体重不达到标准也要离窝，作为等外乳鸽处理。⑤留种乳鸽宜在 30 日龄出笼。⑥28 日龄对留种乳鸽做第 5 次测重。⑦乳鸽离笼后，应减少亲鸽供料数量，按非哺乳期进行饲养管理。⑧乳鸽出笼后，对鸽笼进行 1 次清洁消毒。

141. 如何编制留种鸽的饲养管理工作程序？

留种鸽就是乳鸽养至 1 月龄时被选留作种用的鸽子。从初选留至成熟配对上笼，要饲养 4～5 月时间，这段时间共划分为 8 个阶段，其饲养管理工作程序如下：

30～40 日龄：留种鸽生长的第 1 个危险期是 31～42 天。此期处在鸽生活的转折期，是鸽生命中最艰难的时期。饲养管理重点是精心护养，让鸽尽快适应新的环境，减少幼鸽发病死亡。①鸽处于从哺乳到独立生活的转换阶段，离开亲鸽头 5 天，采食不正常，对环境不适应。所以头 5～7 天放在暂养笼饲养，要特别注意观察，发现不吃的要灌喂，发病要及时对症治疗。5～7 天后采吃会逐步恢复正常。②采吃恢复正常后离地网养，要求栏网干净、通风、明亮。每群 40～50 对为宜。③仍按原乳鸽饲料配方饲喂，供给饲料小粒为主，日喂 4～5 餐。④饮水调配方法：EM 活菌剂对水喂 3 天，超级维肽或金维他喂 3 天，饮水 2 天，中草药液 2 天。⑤冬天关闭门窗，对外开放的鸽舍用编织布挡风，防止冷风直吹使鸽受寒感冒。夏天注意通风排气，防蚊，消灭鸽痘传染媒介。⑥注意防治胃肠道、呼吸道疾病。让鸽适应新环境，顺利渡过第 1 个危险期。

41～50 日龄：加强营养、减少掉膘为本阶段饲养管理重点。①饲料更换逐步由乳鸽料过渡到童鸽料。②有条件的鸽场应为鸽提供自来水淋浴和晒太阳的机会。淋浴时间在有太阳的中午，每星期冬天 1~2 次，夏天 3~4 次，每次 15~30 分钟。建造鸽舍鸽棚时，尽量让阳光照射到部分栏舍内，这样以促进童鸽生长发育，增强体质。③本阶段饮水配制法：饮水 2 次，淡盐水 1 次，高锰酸钾水（或大蒜水）1 次，EM 活菌剂对水 3 次，速补 14、超级维肽或金维他喂 3 次。④个别消化不良的鸽每天灌服酵母片 1~2 片。⑤做好鸽毛滴虫病、念珠菌病和副伤寒的预防工作，已发病的要隔离出来，对症治疗同时增加营养。

51~60 日龄：50~60 日龄为留种鸽的第 1 个危险期。鸽的发病和死亡都集中在这一时期。精心护养，增强体质，减少发病为本阶段饲养管理的重点。①部分童鸽开始换羽，换羽童鸽对外界环境敏感，容易着凉引起感冒和气管炎。应加强清洁卫生和防寒保暖工作。②在饲料配方中，能量饲料加至 85% 左右，火麻仁加至 5%，日喂 3 餐，以促进羽毛更新。③保健砂中加入 3% 石膏粉，0.5% 龙胆草粉。④饮水中加入预防副伤寒和呼吸道疾病的有效药物。⑤部分鸽已能飞上栖架，栏舍内增加栖架数量，以利运动。⑥防止饲料发霉变质。对轻度霉变饲料用 EM 原露对水 10 倍或 3% 石灰水上清液漂洗 30 分钟，去霉后再喂。

61~80 日龄：加强营养，注意防病，让鸽群顺利度过第 2 个危险期是本阶段的饲养管理重点。①大部分鸽已换 1~3 根主翼羽，这阶段青年鸽表现较活跃。飞翔增多，栏舍内羽尘增加。注意清洁卫生，降低放养密度（由每 1 平方米 4 对降至 2.5 对），防止粉尘飞进鸽眼睛和气管，造成异物性眼疾，气管炎和肺炎。②饲料配方调整为：蛋白质饲料 10%~15%，火麻仁 2%~3%，能量饲料 80%，日喂 3 餐。③饮水：EM 活菌剂对水，超级维肽或金维他和饮水交替使用④全面进行 1 次驱除体外寄生虫。⑤选择有效药物交替使用，做好群体防病工作。

81~100 日龄：这阶段管理重点是做好 2 次选种和限食，防止过肥和早熟。①大多数鸽已换羽到第 3~5 根，个别早熟鸽已开始发情。有条件的应将公母分开饲养，防止早配影响正常发育。②进行 2 次选种，将不合格的小种鸽和病残鸽及时淘汰。使种鸽质量不断提高。③90 日龄以后实行限食 1 个月，饲料粒可以由细变粗。每日给料 35 克左右。目的是让鸽长骨架，防止过肥早熟。④饮水以 EM 活菌剂对水 3 倍口服液对水为主。

101~120 日龄：本阶段以继续限饲和防止高温高湿诱发鸽病为主要内容。①继续严格限饲，每日每只饲料定量为 38~40 克。②保健砂中增加骨粉，有条件的加 3% 稀土元素。③超级维肽或金维他饮水每周 3 次。④采用 EM 活菌剂对水口服和中草药液拌料饲喂交替使用。尽量少用或不用西药。⑤多数鸽已换羽到 5~8 根且羽毛落不到地面，积多了会阻塞网眼造成网面卫生不良。故 4~5 日要清洁 1 次网上羽毛和积粪。⑥降低饲养密度，夏天加强排风、降温，防止高温高湿诱发各种鸽病。

121~150 日龄：本阶段管理工作重点是完成第 3 次选种。①青年鸽换羽到 6~8 根，应根据换羽多少来决定进笼批次。相差 2 根说明年龄相差 1 个月，相差 3~4 根则年龄相差近 2 个月。按年龄选配便于今后饲养管理。②140 日龄后，早熟品种从体形、羽色及活动中表现均已成熟，可以批量上笼。③在上笼过程中，进行去劣留优，完成第 3 次选种。④这阶段限饲结束，饲料营养水平要提高，能量饲料要全面。同时增加保健砂，维生素供应量。⑤上笼之前进行 1 次预防性驱虫，控制蛔虫和球虫感染。⑥给水与上一阶段相同。

151~180 日龄：这阶段工作是完成配对上笼。继续完成第 3 次选种。①整群鸽换羽基本完毕。在上笼过程中，完成最后选种工作。②发现公母比例不适合，要及时购进补充，保证配对及生产计划完成。③进行 1 次全面驱虫，最好的驱虫方式是用水溶性左旋米唑溶于水让鸽饮服，持续两天。再用敌百虫溶液喷杀鸽体外寄生虫。④配对上笼前 1 周用黄芪多糖或葡萄糖对水供鸽饮 2~3 天，预防捉鸽进笼时引起应激反应。⑤大批配对上笼宜在晚上黑暗中进行。这样鸽群比较安静，减少应激。⑥进笼后 1 周，每天注意观察，发现同一笼中 2 个全是公或全是母的，要及时进行调整，逐步做到 100% 配好对。

142. 生产鸽的饲养管理有哪些关键技术？

能繁殖、配好对的种鸽又叫生产鸽（简称产鸽）。产鸽在不同的生产期有不同的生理特征和生产任务，管理上要采取相应的技术措施。主要是新配对产鸽饲养管理；孵蛋期的饲养管理；哺育期的饲养管理；换羽期的饲养管理。

143. 怎样做好新配对产鸽的饲养管理？

笼养新配对产鸽，初放进笼要观察几天，看是否和睦。如果配对得当，一般 2~3 天后雌、雄鸽就会融洽相处了；如果在配对笼里生活 4~5 天仍经常打斗，表明配对不当，或者两只都是公的，或者虽是一公一母，但不愿相配。发现这种情况要及时调换，让它们重配。

144. 怎样做好孵蛋期产鸽子的饲养管理？

配对种鸽经过接吻交配后 7~9 天开始产蛋，看到公、母鸽交配后，就要在鸽笼里放进巢盆，铺上垫片，让母鸽到时进巢产蛋。新配对的产鸽第 1 次产的蛋受精率低，一般将蛋拿走不让其孵化，第 2 次产蛋后才让孵化。新配对的产鸽产下 2 只蛋仍不进行孵化时，要在笼外周围遮上黑布让产鸽安心孵蛋。日常清洁卫生时也尽量不要惊动它们，待它们专心抱蛋以后再除去围布。在孵蛋这段时间，要照蛋 2 次，第 1 次是入孵后 5～6 天，第 2 次是入孵后 10～12 天。第 1 次检查出无精蛋，可做菜蛋食用，第 2 次检查如发现有死胚蛋，可将余下发育正常的蛋，选择入孵日期相同或相差 1～2 天的，按 2 只或 3 只 1 窝合并。让调出单蛋的产鸽尽快再产蛋，提高繁殖率。严寒和炎热都会影响孵化率。冬天寒冷，孵化前期易死胚，巢盆要适当增加垫草保温，鸽舍北面窗户要用麻袋或塑料薄膜遮挡；夏天炎热，孵化后期易死胚，要适当降温，多开舍内窗户，常用冷水冲洗地面，保持鸽舍凉爽。另外，对已生产的每对种鸽要做好生产记录，详细记下产蛋、出仔、出售、留种的日期和数量；也要记下不同阶段的体重、羽毛特征；无精蛋、死胚蛋、死乳鸽；童鸽及产鸽发病治疗情况；饲料配比及消耗等，以建立起生产档案，为进行选种选配、鸽群提纯复壮和搞好科学管理等积累资料，提供科学数据。

145. 怎样做好哺育期产鸽的饲养管理？

通常在乳鸽出壳后 2 小时，亲鸽便会口对口地给乳鸽灌气，使乳鸽适应授喂鸽乳，出壳 4 小时，亲鸽就会给乳鸽灌喂很稀的鸽乳。但个别产鸽，特别是初产鸽，在乳鸽出壳 4～5 小时仍不给乳鸽灌喂鸽乳，遇到这种情况要细心观察，看究竟是亲鸽有病还是不会哺喂。若是有病，就要隔离亲鸽，并把初生乳鸽调到单仔窝去；若是亲鸽不会哺喂就要进行训练，人工把乳鸽的嘴小心地放进亲鸽的嘴里，如此重复多次，一般亲鸽就会灌喂了。若经训练仍不会灌喂，要及时把乳鸽调离。这种产鸽如果产蛋、孵化性能比较好，可保留下来专门用于产蛋孵化，否则就予以淘汰。有的产鸽每次都是先灌喂同一只乳鸽，而且第 1 次授喂量比第 2 次多，这样喂得多的就长得快，在同窝中出现 2 只大小悬殊的"鸳鸯鸽"。遇到这种情况，在 2 只乳鸽会站立前把它们在窝里的位置互相调换，在乳鸽能站立后则与其他窝大小相近的单仔或"鸳鸯鸽"适当调换。优良的产鸽在乳鸽未离巢时就已重新产蛋，则应在巢盆下铁线笼铺上一块麻袋布，把乳鸽移到笼下垫布上，满足亲鸽边哺育边产蛋。乳鸽离巢后应及时清洁消毒巢盆。哺育期间，乳鸽在产笼里排粪，要注意勤换巢盆里的垫片。

146. 怎样做好换羽期产鸽的饲养管理？

产鸽于每年夏末秋初换羽 1 次，换羽期长达 1～2 个月。换羽期间，除高产鸽外，普遍都停产。由于同一对产鸽换羽快慢不同，换羽早的要等换羽晚的，这样休产期就相应延长。如果是群养，早发情的产鸽还会到处寻找配偶，引起鸽群紊乱。为了保证换羽一致缩短休产期，可在鸽群普遍换羽时降低饲料的质量和数量，或在换羽高峰时停食 1～2 天，只给饮水，促使鸽群在统一时间内迅速换羽。待整群鸽换羽完后，再恢复原来的饲料水平。对群养鸽，若是换羽期仍抱蛋或哺育的产鸽，可将它们离群关养，并保证饲料供应；若是换羽后期需另找配偶的产鸽，应将原来配对的两只产鸽捉起来关养，待整群鸽换完羽转入正常生产后再放出来。由于产鸽在换羽期普遍停产，且换羽期比较长，所以最好利用这段时间对产鸽群进行 1 次整顿，全面检查产鸽的生产情况，把生产性能差、换羽时间早又拖得很长的产鸽淘汰掉，并从后备种鸽群中选好的补上。近年来，我们通过在良种鸽群中优中选优，2 次选育高产种群，已培育出换羽期不停产的种鸽。可在生产中简化上述管理环节。

147. 肉鸽生产全程实行电脑数字化管理有哪些内容?

生产记录包括留种鸽和童鸽生产动态、种鸽产蛋、乳鸽出笼、饲料消耗、疾病防治等。做好详细记录，对反映生产、指导生产、改善经营管理有很大帮助。电脑数字化管理技术部分有以下 4 方面内容：

（1）种鸽繁殖简易记录方法

根据配对种鸽的生产记录，可考核种鸽生产性能，计算饲养成本和拟定科学饲养管理措施。所以，大群养鸽的成功者都很注意做好配对种鸽的生产记录。一般采用配对种鸽生产记录卡片。（见表 7 - 1 和表 7 - 2）

表 7 - 1 ＿＿舍　编号：0286　特征：灰二线

1 月		7 月	
2 月	$12\sqrt{}\sqrt{}00 \times 6$	8 月	$1\sqrt{}\sqrt{}00$
3 月	$20\sqrt{}\sqrt{}0$	9 月	$15\sqrt{}\sqrt{}00$
4 月	$27\sqrt{}\sqrt{}00$	10 月	
5 月		11 月	$2\sqrt{}\sqrt{}0 \times 3$
6 月	$6\sqrt{}\sqrt{}0 \times 7 \times 9$	12 月	$18\sqrt{}\sqrt{}0$

表 7 - 1 记录卡，月份与实际记录都写上去。

表 7 - 2　编号：0286　特征：灰二线

$12\sqrt{}\sqrt{}0 \times 6$	$1\sqrt{}\sqrt{}00$
$20\sqrt{}\sqrt{}0$	$15\sqrt{}\sqrt{}00$
$27\sqrt{}\sqrt{}00$	$2\sqrt{}\sqrt{}00 \times 3$
$6\sqrt{}\sqrt{}00 \times 7 \times 9$	$18\sqrt{}\sqrt{}00$

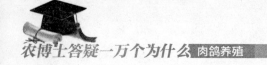

表7-2记录卡，省略不必要的线和月份，仍然可以看出记录的内容。

这种卡片的设计非常简单，因为1对鸽子30～45天才会有1对小鸽，因此每月有一空格记录就足够。一张卡片分为左右两边，每边有6行。又在6行中间画了一条粗线，就可以表示12个月。如表7-1：上方是种鸽编号与特征。表里的数字的意义是：在2月份的12日开始产蛋，12日发现一个蛋，先打一个钩，第三天发现另外一个蛋再打一个钩。再过18天后两个蛋全部孵出，就打两个0，到第6天发现死了一只就打一个"×"，然后记上天数，结果变成：12√√00×6。3月份里在20日后下两个蛋孵出1个仔，养成功了，所以没有"×"号，以此类推。

这种卡片使用非常简单，熟练掌握后还可以将各项不必要的部分省略，仍然可以看得清清楚楚。如表7-2的写法，卡片中只作纵横两个格，左上格代表1月、2月、3月；左下格4月、5月、6月，右上格7月、8月、9月；右下格10月、11月、12月。格子里面的相对位置，靠上边为1月，靠下边为3月，中间为2月，不因为省去划线与不写明月份而混乱。这种记录的前提是必须公母配对笼养。

年产12对以上的高产鸽群，仍可采用表7-1，只是每月记录由1行改成2行。

（2）从产蛋到乳鸽出笼的数字差别

详细记录这一过程中数字不断减少，并找出原因，研究对策，缩小减少。这是鸽场的核心管理技术。是产业化大生产提高效益必须攻克的难关。

（3）定期抽测鸽蛋及乳鸽体重

1. 定期抽测内容：蛋重（头窝、第3窝），乳鸽（出壳、7天、14天、21天、28天、留种鸽离窝）。

2. 在鸽舍不同的位置、不同的笼位随意抽取30只鸽蛋，30只乳鸽称重，记录下最大、最小、平均值。

（4）肉鸽疾病用药档案

1. 每日发病诊断与用药登记。

2. 每月发病诊断与用药书面总结。

3. 发生重大疫情的经过记录。

八、肉鸽新技术应用条件与关键技术

148. 推广应用肉鸽新技术对增产有什么帮助?

推广应用肉鸽新技术的增产潜力主要表现在如下 5 个方面:

(1) 多种维生素和矿物微量元素的合理搭配与科学投喂可提高乳鸽产量。一般良种肉鸽 1 对产鸽自然年产乳鸽是 14 ~ 15 只,而多种维生素和矿物微量元素(保健砂)的合理配制与科学投喂,年产乳鸽是 16 ~ 17 只,采用二次选育高产种群,年产乳鸽可提高到 18 ~ 19 只。

(2) 良种肉鸽 1 对产鸽年产乳鸽达 20 只以上,而且保证乳鸽 21 ~ 22 天上市,重量又要达到 550 ~ 600 克,除了高标准、高水平饲养管理以外,还决定于采用乳鸽颗粒饲料和拼 3 个蛋孵化育雏。有对比试验证明:采用优良颗粒饲料可使乳鸽增重提高 50%;拼窝 3 个仔肉料比为 1:1.72,非拼窝(2 个仔)肉料比为 1:1.94,拼窝比不拼窝节约饲料 11.35%。

(3) 良种肉鸽 1 对产鸽年产乳鸽要突破 24 只,除了采用以上先进技术外,还决定于采用人工孵化和人工育雏,为母鸽赢得产蛋时间,缩短繁殖周期。

(4) 有对比试验证明:人工孵化比自然孵化减少破蛋率 10.5%,减少死胚率 15.8%,提高出仔率 21.6%;采用高营养水平和易消化的饲料人工育雏,乳鸽比自然育雏增重提高 8.9%。同时种鸽得到充分休息,恢复体力,从而每年多产 2 窝(4 只蛋)。种鸽衰老明显推迟。

(5) 运用广西发明新成果,智能操控全自动化养鸽,比原来人工投料劳动强度降低 90%,1 人可管理种鸽 3000 ~ 4500 对,年产优质乳鸽 5 万 ~ 8 万只。

149. 商品乳鸽繁殖拼蛋孵化的好处与条件是什么?

(1) 拼蛋孵化的好处有 4 点:①提高单位产鸽的孵化率;②缩短部分产鸽的繁殖周期;③提高乳鸽产量;④节约饲料。

(2) 拼蛋孵化必须具备 5 条件:①孵蛋种鸽体重达到 650 ~ 850 克;②拼孵 3 只蛋,巢窝要大 1/3;③运用生态同步技术:同天产蛋拼孵,同日出仔拼哺;④不实行人工灌喂的,要隔一窝拼一窝,否则种鸽体能消耗过大,休产期会延长;⑤必须搭配 50% 的颗粒饲料,否则乳鸽不能按时出笼。

150. 拼蛋孵化的关键技术是什么?

(1) 拼仔饲养的数目与抱蛋（含假蛋）的数目要相同，真蛋假蛋大小要相等。目前，假蛋普遍比真蛋小，同窝孵化蛋大小不均会影响产奶量。

(2) 拼蛋入孵前要对每个蛋记录编号，以便在照蛋捡出的无精蛋和死胚蛋时，能及时查出产下无精蛋和死胚蛋产鸽，并对其作出相应的处理。

(3) 每对产鸽1窝孵3个蛋，少数孵4个蛋，具体做法是在同一天里下的蛋，把带仔的产鸽下的第1窝蛋，拿出来加到没有带仔或已经调走一窝蛋的产鸽巢里让其孵3个蛋，即要做到隔一窝拼一窝，以保证产鸽健康。少数孵4个蛋，用于补充在照蛋时捡出的无精蛋和死胚蛋，以保证产鸽始终能孵上3个蛋，减少可利用空间的浪费。

(4) 产单蛋、沙壳蛋、软蛋主要是母鸽的卵巢疾病或营养缺乏引起的，应当让其休孵一窝，使母鸽有足够的时间来修复卵巢的损伤或储备营养以保证下一窝产蛋正常。

(5) 连续产无精蛋大部分是公鸽的原因，有条件的可及时调换公鸽，没有条件的，可安排这类公鸽专门抱蛋、带仔、当保姆鸽。

(6) 产鸽1窝孵3个蛋一般要18~20天才能出壳，而18~20天内鸽乳的成分和数量都是不同的。因此，要对出仔先后的蛋作最后一次调整，具体做法：产鸽孵蛋到第18天时，就要检查出壳情况，以便调整蛋。以第19天出完壳为例，把第18天啄壳蛋调到19天，把第19天没有啄壳的蛋调到18天，这样孵到19天的蛋基本全部啄壳，这时要把啄壳大的放在一起，啄壳小的放在一起，啄壳一样的放在一起。

151. 商品乳鸽繁殖拼仔饲养的好处与条件是什么?

(1) 拼仔饲养的好处有两点：①提高产量。1对种鸽每年可增产4只乳鸽。②提高种鸽利用率。让不会孵化、哺乳、带仔的种鸽专门产蛋，让会孵化、哺乳、带仔的种鸽专门育雏。从而大大提高种鸽利用率。

(2) 拼仔饲养的条件：指1窝带3仔、4仔甚至5仔饲养。①推广高产新技术是以传统养殖技术为基础的，所以，必须熟练掌握肉鸽自然孵化，带2只仔的饲养技术。②种鸽的优良性状特别注重勤喂仔和秋季换毛不停产。③必须供给产鸽高蛋白鸽专用颗粒饲料，采用高蛋白、速消化饲养方法。④在健康的较大型产鸽中推广，禁止在在小型产鸽和病鸽中拼仔饲养，否则适得其反。

152. 拼仔饲养的关键技术是什么?

(1) 拼仔饲养技术是从拼蛋孵化开始的。采用生态同步技术使拼蛋与拼仔对接好，拼仔饲养才能成功。

（2）拼 3 个仔要让哺乳产鸽孵 3 个蛋，拼 4 个仔要让哺乳产鸽孵 4 个蛋，这样才能产生足够的奶。奶水不足，乳鸽前期生长发育缓慢，体弱多病。

（3）拼仔饲养时营养一定要跟上，颗粒饲料拼 3 仔饲料中粗蛋白质达到 19% 以上，拼 4 仔饲料中粗蛋白质达到 23% 以上。

（4）市场流通的肉鸽颗粒饲料粗蛋白质含量普遍偏低，维生素用量也不足。拼仔饲养后要补充足够的氨基酸和维生素，否则乳鸽生长速度缓慢。有条件的大鸽场应当自己生产肉鸽颗粒饲料。

（5）饲喂方法：原则上拼 3 仔喂 4 餐，拼 4 仔喂 5 餐，头餐放料全部用肉鸽颗粒饲料，不限食，先食完的可多放。

153. 鸽蛋人工孵化的优势是什么？

（1）采用人工孵化，种鸽的负担可减轻 35%，利于种鸽恢复体能进入下一个产蛋周期，产蛋周期缩短了。自然孵化种鸽产蛋周期为 31 ~ 38 天；采用人工孵化后，种鸽产蛋周期提前到 10 ~ 15 天。

（2）采用人工孵化比自然孵化能提高产量 5% ~ 20%。

（3）破蛋可减少 4% ~ 5%，受精蛋孵化率提高了 10% ~ 15%。

（4）有效提高了种鸽的利用率、降低了饲料消耗，从而降低养殖成本。

（5）消毒种蛋减少鸽病垂直传播。

154. 鸽蛋人工孵化必须具备什么条件？

（1）饲养产鸽达 1000 对以上。

（2）操作人员经过鸽蛋人工孵化的培训和实践。

（3）鸽专用孵化机性能良好，人工孵化配套设施齐全。

（4）人工孵化前要严格消毒孵化机、配套设施和孵化房。然后开机测试 1 周。

（5）解决供电问题，否则因停电将损失惨重，有条件的地方要备用发电机以防万一。

155. 鸽蛋人工孵化关键技术分为几个部分？

为了改变传统的自然孵化方式，充分挖掘种鸽的生产潜力提高产量，5000 对种鸽以上的商品鸽场，都是使用自动化孵化机集中孵化。鸽蛋人工孵化关键技术分为孵化前期管理、孵化过程管理、孵化后期管理、孵化卫生管理等 4 个部分。

156. 怎样做好孵化前期管理？

（1）选择保姆鸽并编号

种鸽每 1000 对一组进行编号，按编号记录生产数据和孵化数据，并输入电脑进行分析。对种鸽编号有利于提高工作效率和准确性，有利掌握种鸽生产性能，做到生产性能差的、产蛋间隔长的、经常产无精蛋的及时淘汰，生产性能好的充分利用。保姆鸽挑选在同一时间段内生蛋的，母性好、护仔能力强、体格健壮的青壮年种鸽为宜。

（2）捡蛋

种鸽一般产完 1 枚蛋后，第 2 天上午再产第 2 枚蛋，每次捡蛋只捡已产下 2 枚的鸽蛋，每 2 天捡 1 次蛋。每批孵化的鸽蛋为同一群种鸽在同一时间段内产的全部鸽蛋，假蛋放置数量以不超过总蛋数的 2/3 为宜，确保有 35% 左右的种鸽空窝，提前进入下一个产蛋周期。特别注意捡蛋必须在生完第 2 枚蛋当天完成，如捡蛋过迟，会有少部分种鸽恋窝空孵，而影响产下窝蛋的时间。

（3）消毒

把捡回的蛋放入蛋盘集中存放熏蒸消毒，剔除破蛋、沙皮蛋、过小蛋、双黄蛋等，选择大小均匀、蛋壳质地细腻的鸽蛋。一般每立方米用福尔马林 28 毫升和高锰酸钾 14 克熏蒸 20 分钟，待气味散发完后，即可放入孵化机开始孵化。

157. 怎样做好孵化过程管理？

鸽蛋的自然孵化期一般为 18 天，人工孵化因温湿度相对稳定孵化期可缩短 0.5 ~ 1 天。鸽蛋不需要保存，一般当天捡蛋、消毒后随即入孵。孵化机要派专人看管，温湿度每小时记录 1 次，孵化室温度要保持存 15 ~ 25℃ 比较适宜孵化。

（1）温度

温度是保证胚胎发育的前提条件，根据当地的气候和环境温度来调节孵化机的温度，是提高孵化率的有效途径。鸽蛋孵化采用混温孵化法，即从入孵到出壳采用一个相对温度。根据实际使用情况和鸽蛋自身的特点，采用高温高湿的方式，孵化率和乳鸽成活率都比较高。主要是鸽蛋个体较小，温度受外界影响比较大，如温度过高会造成死胚增多；如温度低破壳会推迟、死胚多、乳鸽卵黄吸收不良，易造成弱雏而死亡。广东地区夏秋季节孵化温度一般为 37.9 ~ 38.3℃；冬春季节孵化温度为 38.1 ~ 38.6℃。

（2）湿度

湿度的作用在于调节鸽蛋内水分的散发，控制蛋体失重，以保证胚胎良好的发育和正常的气体交换；适当的湿度也使空气具有良好的导热性，有利热量的交换。因此，湿度是保证孵化的重要条件，适宜湿度有利胚胎初期均匀受热；中期有利胚胎新陈代谢，到后期有利胚胎消散过多的生理热，使蛋壳结构疏松，防止乳鸽绒毛与蛋壳粘连，便于啄壳出雏。若湿度不足，则会引起胚胎

粘壳，出雏困难或孵出的乳鸽体重轻，爪干。若湿度过大，则不利乳鸽破壳，孵出的乳鸽较重，

蛋黄吸收不良，腹部大，体质差易死亡，致使成活率下降。但湿度若超过70%而通风不良时，胚胎因气体交换差会引起酸中毒，导致胚胎窒息死亡，这点值得注意。广东地区夏秋季节孵化湿度为50%～56%；冬春季节孵化湿度为55%～60%。

（3）通风

鸽蛋在孵化过程中，也在做有氧呼吸排出二氧化碳和水分，适当换气是保证胚胎正常发育不可缺少的。孵化机风门，一般夏秋季节，外界温度和机内温度相差很小，风门可以全开或打开一半；冬春季节，外界气温低，应减少内外冷热空气的交流，风门打开一半或全部封闭，保证孵化机内温度恒定。孵化机除1个自动风门外，在后面还开有2排对流孔，上下贯通，使孵化机内外形成小的对流，有利换气和调节机内温度平很衡，即使停电，冬天半小时、夏大1小时内不打开孵化机门散热，孵化机内也能保证温度相对均衡，不会造成因停电整批蛋烧掉的情况。

（4）照蛋

照蛋是全面了解胚胎发育和温度是否适宜的最好时机。鸽蛋个体小逐个照蛋时间长又不方便，我场自制照蛋箱，1次可照1盘蛋，速度快而准确，不会因照蛋时间长而影响蛋体温度。鸽蛋孵化没有专门安排凉蛋时间，其实照蛋过程也是晾蛋过程对胚胎发育有益。但冬天照蛋速度要快，以免蛋体受凉，影响胚胎发育，造成出雏率低、弱雏多。人工孵化过程一般照蛋3次。第1次照蛋在入孵5～6天进行，剔出无精蛋、死精蛋，这时胚胎黑色眼点清晰明显、周围布满血丝、易分辨。第2次照蛋在10～11天进行，看血丝是否合拢，是判断孵化温度适宜与否的最好时机。如70%以上完全合拢，即说明温度适宜；如只有少数合拢，说明温度偏低，要及时调节温度，防止因发育迟缓死胎增多。第3次照蛋是在15～16天，主要捡出孵化后期死胚蛋、臭蛋，避免污染其它蛋。

（5）翻蛋

翻蛋次数要多、角度相对大些，可增进胚胎运动均匀受热，避免胚胎与壳膜粘连，对胚胎发育有促进作用。一般1～2小时翻1次蛋为宜，翻蛋角度为90度。

158. 怎样做好孵化后期管理？

（1）因鸽子不像其他禽类一样可以全进全出进行孵化，只能每2000对一组用小型孵化机进行孵化，主要原因是刚出壳的乳鸽未开眼，不会行走和自由

采食，需要保姆鸽分泌鸽乳嘴对嘴的喂养，所以孵化破壳后要再送回给相同日龄孵假蛋的保姆鸽哺育，同时拿出假蛋清洗消毒后下次再用。

（2）以前采用孵出乳鸽后，放回给保姆鸽喂养，但成活率、保姆鸽泌乳量和乳鸽生长速度都不大理想。以后开始改变操作流程，鸽蛋孵化到 16 天啄壳后，重新让保姆鸽自己孵化出壳，成活率、生长速度大大提高。笔者分析，鸽子有自然孵化的天性，而且乳鸽破壳后会发出微弱的叫声，保姆鸽在孵化过程中会不时用嘴翻动鸽蛋，起到感官和听觉上的刺激，保姆鸽就会做好哺育乳鸽的准备，开始分泌鸽乳，做好迎接乳鸽出壳的准备工作，乳鸽出壳后才有充足的鸽乳吃、长得快。由于鸽乳初乳吃得及时、足量，抵抗力增强也就不容易死亡了。

（3）冬天运送破壳待出雏的胚蛋时速度要快，以免因温度降低过快变成死胚，最好选用棉花和软布做成保暖桶，即能保持鸽蛋的温度又可防止压烂蛋。

159. 怎样做好孵化卫生管理？

（1）孵化所接触的设备、器具都要彻底做好清洗消毒工作，包括蛋盘、出雏盘等，先用清水冲洗干净再放入 2% 的烧碱水中浸泡 30 分钟，然后再用清水冲洗干净。

（2）孵化机每孵 1 个周期，就要彻底用高压水枪冲洗干净后，熏蒸消毒 30 分钟后，通风等下次再用。

（3）孵化室门口消毒垫每天要换消毒水，孵化室每天用 5% 百毒杀清洗，保证不留卫生死角，以免因环境差，影响孵化效果。

160. 采取哪些措施可对繁殖能力强的种鸽起到抗衰老作用？

（1）增加营养。生产、繁殖能力越强，需要补充营养物质越多。但是，种鸽的消化吸收能力是有一定限度的，过度的繁殖，种鸽会提前衰老。有些良种肉鸽连续高产 2 年以后，繁殖能力就明显下降了。所以，必须加大营养品补给量，拼 3 个仔加 50%，拼 4 个仔加 1 倍。

（2）缩短哺乳期。在提高肉鸽生产能力的同时，必需认真做好种鸽繁殖期的保健，主要措施是缩短哺乳期，种鸽哺乳时间由原来 22 25 天缩短到 7~8天，以后采取人工哺乳。哺乳时间缩短 2/3，种鸽得到充分休养生息，恢复体质、体力，从而保证持续高产性能。

（3）补喂中草药。用黄芪、益母草、人参、当归等滋补中草药研粉拌饲料喂产鸽，拼 4~5 个仔饲养成功率较高，而且种鸽利用年限可延长 1 倍以上。

九、肉鸽创新模式技术的应用

161. 应用生态标准建场应注意哪些问题？

（1）鸽场选址受地方限制。请专家会诊设计其他补救措施。不过，这样一来，建场成本会大大增加。

（2）建场容易忽略的问题。①鸽舍设计通风、保温不合理，夏热冬冷。造成夏热产鸽繁殖后休产期长，冬天又冷死初生的乳鸽。②鸽舍采光不足。舍内排放6列鸽笼的，虽然补充人工光照，中间2列仍比外边几列每年要减少1窝产量。③不建青年鸽棚。留种鸽放在产鸽笼里培育，得不到充分运动，种鸽严重退化。④不考虑鸽场产业升级换代。鸽舍高度不够，不能安装自动化投料机械；每幢鸽舍产鸽饲养量不按3000对或4500对容量来设计，就不够1个饲养员的劳动定额管理。

162. 应用优选高产种群部分应注意哪些问题？

（1）在一群良种鸽中，个体繁殖性能是有差异的。所以，要三分引种七分选育，随时淘汰良种鸽群中那些低于平均产量的低产个体。

（2）在普通的商品鸽场中有效防止种鸽退化，按照种禽场的育种程序，比较复杂，一般商品鸽场受设备和技术条件限制，很难办到。在长期生产实践中，广西鸽场找到一种简易的品种选育方法，在普通的商品鸽场中，只要建好青年鸽子棚，运用此法，就能有效防止种鸽退化，选育出一代比一代强的鸽种。

（3）简易选种操作方法：每年7月和12月进行，依据肉鸽生产记录表，用高产的15%取代低产的15%，并扩群。通过优中选优和优生优育，把鸽群产量维持在最高峰值上。

163. 应用营养齐全平衡部分应注意哪些问题？

（1）在良种基本普及的地方，肉鸽营养不良是低产的主要原因。由于不舍得下料或不会配料，使得大部分鸽场生产在低水平上运作。

（2）营养不齐全，是指矿物微量元素、维生素品种不齐全，而直接影响到产蛋率、受精率、孵出率、乳鸽成活率及乳鸽生长速度。

（3）营养不平衡，是由于配料随意性，不按鸽的营养需要下料，特别是拼仔饲养后尤为突出。

164. 应用鸽病防控重点部分应注意哪些问题?

(1) 鸽病防控重点就是要结合当地疫情发生情况,通过调研,选出 10 个病,作为鸽场本年度鸽病防控的重点。

(2) 在本地区按发病损失率从高到低排在前 5 位的病是动态的,要求每年重新排 1 次。对这 5 个病要分别做好防疫紧急预案(每个病要有第一预案,第二预案),可以随时启动。

(3) 在本地区按发病次数多少,从高到低排在前 5 位的病也是动态的,也要求每年重新排 1 次。这些反复发生的病,防治重在搞好环境、饲料、饮水清洁卫生,根除病因,同时备足药品,实行群防群治,降低发病率和损失率。

165. 应用生态同步技术应注意哪些问题?

(1) 拼蛋孵化、拼仔饲养、人工孵化、人工灌喂是提高乳鸽产量的有效措施,这些新技术应用的前提是以前面 3 部分为基础的,基础打不好,新技术、新科技的应用就会事倍功半。

(2) 肉鸽自然繁殖,每窝带 2 个仔的,不须人工孵化。

(3) 拼仔饲养的数目与抱蛋(含假蛋)的数目要相同,真蛋假蛋大小要相等。目前,假蛋普遍比真蛋小,同窝孵化蛋大小不均会影响产奶量。

(4) 人工孵化与产鸽孵假蛋进出时间要相同,用破壳活胚换假蛋时间不能搞错。

166. 鸽粪喂猪可行吗?

鸽粪喂猪早在 20 年前,在广西已开始试验,将鸽粪晒干,直接喂猪。猪吃鸽粪后,皮肤红嫩,生长良好,断奶的猪全部喂鸽粪 120 天,体重达到 80~90千克,肉质比喂全价颗粒饲料的猪肉鲜美。原因是:鸽的小肠短,进食的饲料,消化后没有吸收完就随粪便排出体外。据检测:鸽粪中含粗蛋白质达到 28%,还有丰富的矿物微量元素和氨基酸。这说明用鸽粪加工成饲料喂猪,猪吃到能促进鸽生长发育的高级营养,所以猪比原来长得更好。

167. 什么是鸽猪联营?

鸽猪联营就是拉长肉鸽产业链,将传统的养猪业编入新兴养鸽业的循环经济高效生态产业链,使鸽猪联营实现一料二用,在不增加或少增加投入的情况下,使猪鸽两个产业同时获得较快发展。

168. 为什么要采取鸽猪联营?而不是鸽与其他产业联营?

鸽与其他产业联营也有,只是优势互补不强,联营后产能不大。只有鸽猪联营优势互补最强,联营后产能最大。生猪生产目前仍是牧业的支柱产业,肉鸽生产是特种养殖行业中产业化条件比较成熟、营养价值较高的新兴产业。但是，目前肉鸽生产总量很少，要形成大产业还比较困难。这两大产业的共同点都使用大量的原粮及其下脚料来制作全价颗粒饲喂养。饲料开支占饲养成本的60%～80%。目前，原粮涨价拉动饲料涨价，使两个产业发展受到很大制约。将传统养猪业编入新兴养鸽业的循环经济高效生态产业链，鸽猪联营，一料二用。将用于加工猪饲料的原粮，先加工成鸽的饲料喂鸽，再用鸽粪加工成猪的生态全价饲料喂猪，饲养出绿色生态无抗猪。联营后两个产业面临的难题都迎刃而解。在降低成本的同时，两大产业都获得大幅度提升。

169. 鸽粪喂猪生产工艺流程是怎样的？

鸽粪晒干→用喷火器烧掉落在粪中的羽毛→在粪中添加益生素 + 酵母粉各2% + 15～20% 玉米糠（或米糠、麦糠）→混合拌匀→装缸→发酵5～7天→发酵料发出甜酒香味→出缸→倒入饲槽直接喂猪→喂量与饲喂猪全价颗粒料相同。

170. 小型鸽猪联营养殖模式如何做投资效益分析？

年出栏肉猪 100 头，商品乳鸽 10000 只的小型鸽猪联营养殖场，投资为24.255 万元（按广西南宁 2011 年市场物价计算），饲养母猪 5 头（年产 2 胎，每胎平均 10 只，年产仔猪共 100 只），种鸽 300 对，自繁殖发展到 625 对，每对种鸽年产 8 窝，每窝 2 只，年产 16 只，625 对种鸽共繁殖出仔鸽 10000 只。

1. 投资概算：合计 24.255 万元。

（1）养鸽投资概算：8.73 万元

①鸽舍建设：6 米 × 22 米 = 132 平方米鸽舍 1 幢，每平方米造价 100 元，共 1.32 万元。

②鸽笼：铁线鸽笼 1 组饲养 12 对（24 只），625 对需要 53 组鸽笼。每笼165 元 × 53 组 = 8745 元。

③种鸽：种鸽繁殖很快，按计划数 1/2 引种，引回来后进行 2 次选育高产种群，不断选育补充，扩大到 625 对。本次项目引种 300 对，每对 65 元：300 对 × 65 元 = 1.95 万元。

④饲料周转金，按年计划用料 40% 计算，年产 8 对 16 只，每只用全价混合料 6 斤，每斤 1.5 元，每只饲料费 9 元，10000 只 9 万元 × 0.4 = 3.6 万元。

⑤防疫保健每对每年 3 元 × 625 对 = 1875 元。

⑥水电支出约 1000 元。

⑦不可预测开支（按 1～6 的总和 × 10%） = 7.932 × 0.1 = 0.7932 万元。

合计：8.7252 万元，概算取 8.73 万元。

（2）养猪投资概算：13.125 万元。

①预备母猪 5 头，每头 200 元，合计 1000 元，母猪舍 1 间，产仔房 1 间，仔猪保温设施 2 套，共计 9000 元，合计 10000 元。

②肉猪舍 5 间，每间 10 头，20m²1 间，5 间共 100m²，每平方米造价 130 元，共 1.3 万元。

③颗粒饲养加工车间 1 个 9 万元。

④饲养周转金（与养鸽联营后，饲料加工的原料是鸽粪，不花钱）只用原养猪原粮的 1/10，按 6 个月计算：添加精料玉米粉每头 70 斤，72 元 ×50 = 3600 元。添加剂每头 5 元 ×50 = 250 元，合计 3850 元。

⑤防疫每头 10 元 ×50 = 500 元。

⑥水电约 2000 元。

⑦不可预测开支（1－6 总和 ×10%）= 1.19 万元。

合计：13.125 万元。

（3）员工工资：2 人合计 1 年 2.4 万元。

①技术员 1 个，月工资 1200 元，1 年 1.44 万元。

②饲养员 1 个，月工资 800 元，1 年 0.96 万元

总投资：养鸽 8.73 万元 + 养猪 13.125 万 + 员工工资 2.4 万 = 24.255 万元。

2. 总收入（达到规模以后，每年收入）

（1）养鸽收入：种鸽年产 16 只乳鸽，平均每只乳鸽（含种鸽）用料 6 斤，出笼 1 只乳鸽成本 11 元，乳鸽销售 14.5 元，每只盈利 3.5 元，1 万只盈利 3.5 万元。

（2）养猪收入：每头猪按 90 千克计算，上市 16 元/千克，每千克成本 8 元，盈利 8 元 ×90 = 720 元/头，出栏 100 头 ×720 = 7.2 万元。

总收入合计：3.5 + 7.2 = 10.7 万元。

3. 实施本项目注意事项

（1）严格按 1 头猪 25 对（50 只）种鸽的比例来做联营养殖计划。否则产下的鸽粪不够猪吃。

（2）技术员、饲养员上岗前经过严格培训。

（3）采用健康鸽的粪来发酵，鸽粪不能污染农药、杀虫剂和抗生素，否则生产出来的饲料就不是无抗生态饲料。

（4）采用自产益生素（EM）来发酵鸽粪成本低、效果好。

171. 鸽猪联营发展前景怎样？

鸽猪联营新型高效养殖模式倡导资源节约、低碳生产方式，符合国家产业

政策，符合生态农业发展大方向。将传统的养猪业编入新兴养鸽业的循环经济高效生态产业链，实现一料二用，鸽粪喂猪，废物利用，方法简单，效果显著。在不增加或少增加投入的情况下，使猪鸽两业同时获得较快发展。发展前景看好，值得大力推广。

十、肉鸽产业化生产的组织与管理

172. 肉鸽产业化生产要具备什么条件？

肉鸽产业化生产要具备4个条件：

（1）足够数量的优良种鸽，饲养数量5000对以上。

（2）具有工厂化笼养的高产技术条件。

（3）饲养员经过上岗培训。

（4）有较大的市场容量，或有较强的市场开拓能力。

173. 目前国内肉鸽产业化生产的模式有几种？

目前国内肉鸽产业化生产的模式有4种：

（1）大公司办场的模式：10000对种鸽以上，实行高密度工厂化笼养，自产自销。

（2）公司＋基地＋农户模式：公司办若干个基地，在养殖基地周围带动一批养殖户饲养。一般是公司投资，基地育种与培训、供种并指导农户发展，再由公司回收产品。

（3）由农村经济能人牵头办示范场，成立养鸽合作社，带动群众家家户户饲养，总量在10000～50000对之间，并由示范场回收乳鸽外销。

（4）公司办示范种鸽场＋农户养殖小区：公司办示范种鸽场10000～15000对种鸽场，供种并指导农户30～45户饲养，每户1000对，总量50000～60000对。

174. 城市和农村养鸽分别选择哪种模式好？各种模式各有什么优缺点？

1～2种模式适合在城市边缘和乡镇所在地发展。3～4种模式适合在农村发展。前3种模式各有优缺点，总的来说，1～2种投入较大，但产量高，效益好。第三3种投入少，但分散饲养，难管理，乳鸽难回收，产值和效益也低。要提高肉鸽产业化生产的效益，必须解决迅速发展又好管理这两大难题。在总结分析前3种模式后，创新发展第4种模式，是走农村工业化道路的便捷高效模式。

175. 怎样建立农村工业化肉鸽养殖示范小区？

通过探索，广西找到了适合自己养鸽发展方式。在公司＋农户的基础上再上一个台阶——建立农村工业化肉鸽养殖示范小区。较好解决当前鸽业发展面临的土地、资金、劳动管理、技术、市场等诸多难题，较快提高当前农村养鸽经济效益，引领更多农民养鸽致富奔小康！

（1）《小区》建设规划

①主体工程：30 幢鸽舍，每幢饲养 1000 对产鸽，年产商品乳鸽 60 万只。由公司建好后租给 30 户农民饲养。

②产业链配套服务工程：

A. 1.5 万对种鸽场 1 个。

B. 日产 3 吨营养丸（浓缩颗粒）饲料厂 1 个。

C. 日加工 3000 只速冻冷鲜鸽生产线 1 条。

D. 外联合办 1 家《肉鸽大世界美食城》。

（2）公司对农户养鸽小区统一管理：公司对农户养鸽小区按《一自主四统一》（即农户养鸽自主生产，统一优良品种，统一饲养标准，统一配送优质饲料、药品，统一乳鸽加工外销）的模式管理，将分散的一家一户组织成现代鸽业产业化大生产。农民像工人一样，每天到养鸽小区"上班"，饲养属于自己的鸽子，年纯收入 3~4 万元。

176. 肉鸽产业化生产的工作程序有哪些？

决定饲养规模→选择场址→提出可行性报告→专家审定通过可行性报告→到办得好的几家产业化的鸽场实地考察→决定购种的鸽场→派饲养员去跟班学习（或参加养鸽学习班后再到鸽场跟学习）→进行鸽场设计与建设→完成基本建设、购进笼具→批量引进种鸽（一般分 2~3 次引种）→对新进种鸽进行防疫注射、同时建立严格的兽医防疫制度→在专家指导下建立严格的科学饲养管理制度→批量产出乳鸽后→发展分公司或乳鸽产品深加工→用优质乳鸽产品参与市场竞争。

177. 肉鸽产业化生产如何操作？

（1）组建办场班子（包括领导和科技人员）。

（2）经过实地考察写出可行性报告。

（3）分析、论证可行性报告。

（4）科学建场。

（5）选送饲养员到大型鸽场跟班学习。

（6）在技术人员参与下选好种鸽。

（7）饲养好预备种鸽。各项技术措施逐步到位。

（8）在专家指导下培育高产种群。

（9）建立办场目标管理责任制，把年目标分解为月目标，限期实现。

(10) 做好产品市场定位与产品深加工。把肉鸽产业化生产提高到一个新的水平。

178. 大中型鸽场实行目标管理有哪些约束指标？

(1) 鸽舍合理布局。①两幢鸽舍间距离至少3米，或通风透光良好。阳光能照进鸽舍。②笼养繁殖种鸽：舍内排放鸽笼（3层12格为1组）2～4排为宜。每排以20组（每组12对，共饲养240对）～30组（饲养360对）。这样每幢鸽舍放两排笼可饲养480～720对，放4排笼可饲养960～1440对，1名饲养员饲养。③预备种鸽离地网养：以每40平方米场地，饲养80～100对为宜。网高（离地）0.7～0.8米，饲槽、饮水槽排放在走道两边，便于手推车经过加水添料。

(2) 饲养员素质。技术培训10天，跟班试养1个月，考试、考核合格，取得合格证书，持证上岗。

(3) 饲养员养鸽数量确定。①自己配料、添料、加水。笼养种鸽：技术熟练的1人饲养800对，不熟练300～500对；网养青年鸽与童鸽：技术熟练1人饲养1000～1500对，不熟练700～800对。②机器拌料，自动给水。笼养种鸽：技术熟练1人饲养1400对以上，不熟练700～800对；网养青年鸽与童鸽技术熟练1人饲养1500～2000对，不熟练800～1000对。

(4) 饲料标准。①平均每只鸽日用混合杂粮50克（这个数已含约15%的浪费数量）。②精确的耗料标准为：每对种鸽每月用粮2250克，每产1只乳鸽增加1250克，年产8对半的高产种鸽一年用饲料为48千克。③一般鸽场饲料浪费占投料总量，高的达35%以上。

每只种鸽每天采吃保健砂3～6克，1对种鸽1年用保健砂3千克，连繁殖乳鸽约用保健砂4.5千克。

(5) 供水原则与数量。鸽缺水比缺饲料更严重。①喂料与喂水要同时进行，缺水进食的料会转吐出来。②鸽日需水量为20～60毫升，冬天20～30毫升，春秋30～40毫升，夏天40～60毫升。③鸽场清洁消毒用水为鸽饮水的1～3倍。

(6) 繁殖成活率。①经过优选的高产种鸽群，每对年均繁殖18只仔以上。（其中30%可达20～22只）。②鸽蛋受精率95%以上，受精蛋孵出率95%以上，仔鸽成活率95%以上。

(7) 发病、死亡损失率。①发病率控制在3%以下。②死亡率占发病率的3%以下。③非病损失率（鼠害、踩死、饿死）1%以下。

(8) 乳鸽质量标准。①乳鸽离窝体重85%一级（600克）以上，二、三级乳鸽450～590克控制15%以下。②25日龄乳鸽约有30%～50%等于或超过母体体重。

（9）药品消耗（不含生长素、多种维生素、复合维生素 B 溶液和氨基酸等矿物营养添加剂）。①每对种鸽年耗药品、防疫费控制在 3 元以内；②繁殖每只乳鸽增加药品、防疫费 0.5 元。③培育 1 对预备种鸽增加防疫费 1.5 元。

（10）选种要求与使用年限。①优良种鸽要求遗传性能好，体重适中，良种特征明显（无杂毛，高产，会带仔，耐粗饲，抗病力强，产蛋受精率、孵出率、仔鸽成活率高），乳鸽 25 日龄约有 50% 达到或超过母体重量。②预备种鸽体重范围：A. 留种乳鸽 30 龄体重达 600 克以上；B. 3 月龄青年预备种鸽体重 550～700 克之间；C. 5 月龄开产早熟种鸽体重为 600～800 克；D. 产 2～3 窝仔后的优秀种鸽理想体重为 650～850 克，公鸽比母鸽重 100～150 克。③繁殖种鸽利用年限为 2～4 岁，5 岁以上，繁殖率下降，要逐步淘汰。

179. 如何制定产业化肉鸽饲养技术操作规程?

广西南宁良种肉鸽培育推广中心为饲养员制定的《肉鸽饲养技术操作规程》共 18 条，可供参考：

第 1 条饲养员上班进鸽舍必须戴口罩，换衣服、拖鞋。早上、中午上班先认真观察鸽的精神、粪便 1 遍，然后再开展工作。观察发现鸽异常要立即向兽医报告。

第 2 条按照规定的饲料配方与方法配制饲料，改喂新饲料应征得技术主管的同意。

第 3 条鸽混合饲料喂前要去尘、去霉、去虫。去尘方法是喂前用筛、风或清水洗 1～2 次。饲料发霉或虫多时应在兽医指导进行除霉、除虫。

第 4 条调料与投料：遇上鸽不喜欢吃某种杂粮，应将盐水或维生素拌入混合料。以提高采食率，减少饲料浪费。

第 5 条每只鸽每日定量饲喂混合杂粮 50 克，分早、中、晚 3 次投喂（一般是上午 9 点、中午 12 点、下午 4 点），每次投料宜少，以鸽在 15～20 分钟内吃完为好。哺乳鸽和离窝 1～2 月龄幼鸽每天应加喂一餐。

第 6 条保健砂每只鸽 1 日定量喂 3～6 克。用保健砂杯专门饲喂，1 次投放保健砂在 2～3 天吃完为好。

第 7 条维生素添加剂以拌料饲喂较好。每星期喂 3 次，投喂量按说明书。维生素对水饲喂，应控制在半天内饮完，以确保维生素溶于水后的时效性。

第 8 条接粪板上的鸽粪每星期清除 1 次。一般每笼应备 2 块接粪板，抽出一块来清洗时，立即将另一块干净的插进去。

第 9 条鸽用的水杯每 3 天要清洗 1 次。如发现鸽粪进水杯，污染饮水。随时清洗干净。

第 10 条 1 ~ 3 月龄幼鸽宜饮冷开水，或 0.1% 的大蒜水。饮水每天检查，保持新鲜、洁净。

第 11 条在饮水中投药防病应在兽医指导下进行。

第 12 条拼仔哺育的巢盆和巢盆内垫的麻袋片要相应加大。

第 13 条进行照蛋时手拿鸽蛋之前应用清水洗手并擦干，防止人汗或香水、护肤霜等异味污染鸽蛋，造成孵化中断。

第 14 条饲养员每天都要做好产蛋、孵化、出仔的记录（填写好繁殖卡片）。商品乳鸽 21 ~ 25 天出笼，留种鸽 28 ~ 30 天离巢记录；简易投药记录。

第 15 条圈养预备种鸽每群 100 对左右为宜，每群要求年龄、大小基本一致。饲养 20 天左右，将弱小的挑出来，单独补料，力求生长一致。

第 16 条预备种鸽 1 ~ 2 月龄、5 个月龄、可配对移进笼养前均要打防疫针和驱虫。这两项工作均要在兽医技术员指导下进行。

第 17 条装运种鸽用竹笼的只出场，不再进场。若用铁笼装运需重复使用的。再进场前需经火焰高温、紫外线灯照射或药液喷洒灭菌消毒。

第 18 条新来饲养员（含干部进场临时顶班）和跟班学习的学员。必须熟悉上述操作规程才能进场参与饲养工作。

180. 产业化肉鸽高产繁殖有哪些综合技术措施?

（1）高产鸽笼设计

实践证明，笼养乳鸽增重较圈养提高 4% ~ 12%。饲养大型良种肉鸽的鸽笼应适当加大，自制竹木笼的为了保证采光，长宽高分别为 70 厘米 × 60 厘米 × 50 厘米。采用工厂生产的铁线笼可适当缩小，通常采用 60 厘米 × 60 厘米 × 50 厘米。笼的前面铁线间隔 5 厘米，后面和两侧间隔 3 ~ 4 厘米。笼底间隔 2 厘米。笼叠放 3 层，底层距地面 20 ~ 25 厘米，两层之间距离 5 厘米，中间插 1 块接粪板。

（2）采用优良品种

目前广西许多大鸽场种鸽混杂严重，有些人上街购买体形较大的一代经济杂交鸽来做种，这样生产的种鸽逐步退化。科学的采购种鸽方法是：到种鸽纯度较高的种场去采购。目前最好的优良品种是美国白王鸽、银王鸽和天翔 I 号白王鸽。应选择公母毛色一致、种性特征明显的后代做种。乳鸽 25 日龄体重要在 0.6 ~ 0.7 千克，体重过轻、过重或毛色混杂的均不宜留作种。

（3）培育高产种群

到鸽场买种鸽无法按高产种群条件来选购，只能从毛色、外形特征来选择优良个体。购买回来后必须进行二次选育高产种群。将那些开产种鸽体重在 0.65 ~ 0.8 千克，产蛋孵化损失率低，饲养 1 年繁殖成活 7 对仔以上，25 日龄乳鸽体重 0.6 千克以上，公母温顺会带仔，秋季换羽不停产的种鸽的后代做种。经过 2 次选育高产种群，鸽群生产性能可在原来的基础上提高 30% ~ 50%。

（4）饲养好预备种鸽

种鸽买回来，不能马上放进繁殖笼饲养，要放在铺放木条框架上离地网养，养到 5 个多月龄，自然配成对后才能移进笼养。乳鸽从离巢到 80 日龄，有两个危险期，第 1 个危险期是 29 ~ 42 日龄，是幼鸽学会采食开始独立生活阶段；第 2 个危险期是 50 ~ 80 日龄，幼鸽发病率和死亡率集中在这时期，这个时期除了精心护养外，要选择有效药物交替使用，做好群体防疫。没有经验的初学者，最好购买 3 月龄的青年鸽来饲养。

（5）配料与投料技巧

肉鸽采食颗粒杂粮，常用的饲料配方是：玉米 40% ~ 50%，豆类 20% ~ 25%，高粱、小麦 20% ~ 30%，油类作物（火麻仁、葵瓜子）2% ~ 5%。配料原则：①食物品种宜多不宜少。②哺乳期日粮不宜有稻谷、荞麦等尖利饲料。③哺乳种鸽与 2 月龄内的幼鸽不宜喂小麦，以减少鹅口疮发生。喂料时，每次投料宜少，投入饲槽的料 15 分钟左右能吃完为好。

（6）精心配制保健砂

保健砂主要含矿物质、微量元素和帮助消化的药物。能补充鸽日粮中营养成分不足，并有促进消化、健胃、增进食欲等作用。圈养或笼养鸽不喂保健砂，不仅生长发育繁殖停止，还会慢慢消瘦死亡。常用保健砂配方：贝壳粉 20%，中粗河砂 25%，红黏土或黄泥 25%，骨粉 10%，木炭末、食盐、旧石灰头各 5%，禽用生长素 4%，红铁氧 0.5%，龙胆草粉 0.3%，甘草粉 0.2%，消毒研细混合均匀即成。

（7）维生素添加方法

笼养鸽每星期要补喂 3 次多维素，一般采用金维他、超级维肽等，以拌料饲喂效果好，一般用少量水溶解后拌在饲料中饲喂。添加多维素，能使幼鸽成活率、增重率与种鸽繁殖率提高 30% 以上。

（8）掌握乳鸽最佳出栏时间

21 ~ 25 日龄的乳鸽称为商品乳鸽。饲养到 21 ~ 25 天，乳鸽的肉质、体重达到最佳状态，这是最佳出栏时间。

（9）适时淘汰低产种鸽

种鸽的最佳使用年限为 2 ~ 4 年。一个高产鸽群，应每年 2 次淘汰年产繁殖成活不足 7 对的低产种鸽，以保持鸽群青壮年的高产优势。

（10）严格防病

肉鸽疾病种类很多，但发病极少。大群养鸽主要是做好防疫工作。（具体

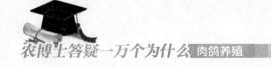

操作参阅本书《十三、肉鸽疾病诊断与防治》）。

181. 提高肉鸽商品生产经济效益有哪些好经验?

产业化发展肉鸽商品生产，是技术、信息和市场的竞争。掌握了科学饲养肉鸽技术，获得了高产，并不一定就能赚钱。还必须利用信息、研究市场、参与市场竞争，扩大市场占有率，使产品供不应求才能获得较高的经济效益。综合国内一些养鸽成功专业大户的经验，概括为如下15点:

（1）向优良品种要效益

按目前农村养鸽水平，饲养良种肉鸽与本地土种鸽相比，提高经济效益1倍以上。同样是良种肉鸽，优良品种比一般良种效益再提高30%左右。目前一般良种鸽场提供的种鸽，品种混杂严重，良种的生产能力已经逐步下降，购种者要特别注意。只有买到真正的优良品种，才能实现上述的经济效益。

（2）向选育高产种群要效益

高产种群只能选育，不能购进。因为大群引种，购买回来的种鸽，虽然是优良品种，但个体之间生产能力还是有差别的，高产的肉鸽个体每对种鸽年育成乳鸽达9~10对，低产个体每对年育成乳鸽只有5~6对。在同一品种中不断选择优良个体和对优良种鸽不断进行提纯复壮，这样选育高产种群，使鸽群向优中之优发展。高产种群比一般优良品种生产能力可再提高30%~50%。

（3）向高产种群的繁殖高峰期要效益

种鸽的繁殖高峰期是2~4岁，到第五岁以后繁殖能力就逐步下降。虽然优良母鸽7~8岁仍能产蛋，但其繁殖能力只有2~4岁的1/2~1/3。所以，高产种群要加快淘汰和更新。只有使高产种群保持在繁殖高峰期限内，才能取得优质高产。

（4）向饲料合理搭配要效益

按科学饲养要求，肉鸽饲料由四部分组成:一是混合杂粮，二是保健砂，三是颗粒状饲料，四是微型饲料。后3种是对混合杂粮的补充，使其营养完善。目前农村养鸽，多数只喂杂粮，有的虽喂保健砂，但配方不全，造成肉鸽营养不良、生长缓慢、繁殖低下。虽然购进良种，但是没有良法，良种的生产潜力就发挥不出来，这是目前农村饲养良种肉鸽效益低下的根本原因。

（5）向减少饲料浪费要效益

据调查统计，目前一般鸽场饲料浪费高达35%，其中饲槽设计不合理占10%，放料太多占7%，鼠耗3%，疫病死亡损失8%，保健砂缺乏、消化不良浪费5%，自然流失2%。按科学测定，一对产鸽含产仔平均1个月所需饲料为4千克，一年用料为48千克，但实际上一般鸽场每月每对种鸽耗料高达5.5千克，一年用料为66千克，以每对种鸽每年浪费饲料15千克计算，则1000

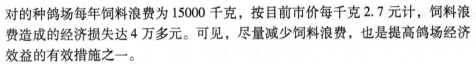

对的种鸽场每年饲料浪费为 15000 千克，按目前市价每千克 2.7 元计，饲料浪费造成的经济损失达 4 万多元。可见，尽量减少饲料浪费，也是提高鸽场经济效益的有效措施之一。

（6）向提高饲养员素质要效益

国内发达省区大鸽场目前 1 个人可饲养肉鸽 1200～1500 对，而在广西农村绝大多数鸽场，1 个人只饲养 300～600 对。与先进地区相比，贫困地区 2～3 个人干发达地区 1 个人的工作量。不提高饲养员的技术素质，效益从何而来？

（7）向合理饲养规模要效益

饲养 500 对一个人管理，饲养 1500 对也是一个人管理，劳动效率却提高了 3 倍。因此要因人、因地、因财力制宜，根据技术熟练程度，力所能及扩大生产规模，提高效益。但如果缺乏管理能力、技术又不熟练，则不要盲目扩大。

（8）向防疫要效益

总的来说，鸽比鸡鸭疾病少，但近年来，随着养鸽规模扩大，鸽新城疫、副伤寒、禽霍乱在一些大鸽场时有发生，毛滴虫、鸽痘则在大多数鸽场发生。因此养鸽防疫绝不能忽视。要以防为主，定期免疫接种，鸽场要严格消毒，合理用药，综合防治。种鸽场一般谢绝参观，要经常对鸽舍、笼具、人员手脚等进行消毒，杀灭病源。要加强观察，及时隔离病鸽。做到无病早防，有病及时确诊和早治，务求乳鸽成活率和商品率在 95% 以上。

（9）向科学饲养管理要效益

饲养员必须住在鸽场，每天早、中、晚巡视鸽舍一次，发现问题及时解决。平时要认真搞好饲料、饮水卫生，做到精心护理、按时饲喂，提高乳鸽和预备种鸽的成活率、生长率、均匀率。时时注意鸽舍环境六要素：温度、湿度、通风、卫生、光照、密度，使肉鸽在良好的环境中发挥出最大的生产潜力。

消化的饲料吐出，若是服了大蒜也不吐，则要开刀嗉囊，挤出饲料再缝合，切口按外伤处理。

（10）向经济管理要效益

俗话讲：三分养，七分管。管理是艺术、是财富。要做好人、财、物、产、供、销的管理，其中关键是人（饲养员）的管理。饲养员的技术素质、敬业精神和商品意识决定办场的成败。要搞好劳动定额、制定奖励措施、实行目标管理责任制，最大限度激励员工的工作积极性和创造性。饲养人员不仅要熟练掌握高产技术的每一个环节，而且还要学会成本管理、经济核算，每对种鸽都要进行生产能力测定，每出笼一对乳鸽或预备种鸽都要进行成本核算。鸽场每天要做好生产记录，每月进行一次以效益为中心的生产情况分析，坚持不懈，就能取得经验和好的效益。

（11）向综合经营要效益

现代化的大型鸽场，专业化程度比较高，一般不搞综合经营。但在广大贫困地区发展肉鸽养殖业，搞综合经营是大有可为的。实行以鸽为主，鸽、猪、鱼、果联营，实行立体种养，全方位开发，鸽粪及其中污染浪费的杂粮喂猪，猪粪肥水塘养鱼，塘泥肥果园，果园调节鸽舍气候。形成良好的生态环境，实现一地多营、一料多用、一人多管。同样的投入，经济效益可成倍增长。

（12）向产供销要效益

种鸽进入正常繁殖后，就要抽一定时间跑市场，做广告，同客户广泛接触。不断拓展销售市场。既养鸽又卖鸽，精打细算，搞活流通，不断提高商品的知名度和市场的占有率。最终实现以销定产，甚至利用客户订金来扩大生产，把经营风险降到最低限度，高额利润才有可靠保障。

（13）向产品深加工、延伸产品功能要效益

乳鸽上市有严格的时间要求，超过时间出笼不仅浪费饲料、人工，而且乳鸽肉的品质会大大降低，价格会大跌。另外，大批量生产乳鸽，当地市场极易饱和。大鸽场的经营思路，不能完全寄托在销售活乳鸽和种鸽上，要全面提高办鸽场的效益，必须抓好乳鸽产品深加工。通过产品深加工来延伸拓展产品的功能，延长销售时间，寻找理想市场，赢得最大利润。

（14）向市场竞争要效益

竞争是商品生产的自然规律。优者胜，劣者汰。要想优就得养鸽质量好、数量多、价钱合理、守信用、服务态度好，让顾客满意。同时要做好市场预测、争时间、抢速度，抓住市场机会，不断把生意做大。

（15）向技术经济网络协作要效益

养鸽的生产条件是鸽舍、设备、资金、劳力、技术、种苗、饲料、防疫、药品、销路等10个要素，牵涉到各个方面。要争取地方领导（政府）支持、部门帮助、专家指导，密切横向联系，搞好公共关系，互惠互助，这样养鸽才能大发展。

182. 肉鸽饲养管理存在哪些误区？

目前，由于传统观念的束缚和其他养殖经验的误导，肉鸽生产存在许多误区。主要表现如下：

（1）选用种鸽越大越好　实践证明，种鸽越大，产蛋周期越长，而且在孵化中压烂蛋，哺乳中踩死仔也增多。所以，种鸽越大，产量越低。体重超过0.9千克的大鸽不宜做种。

（2）原粮选便宜的买　采购原粮选便宜的玉米代替豌豆，修改了原来的

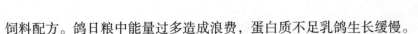

饲料配方。鸽日粮中能量过多造成浪费，蛋白质不足乳鸽生长缓慢。

（3）保健砂配制随意　目前多数鸽场配制保健砂选料嫌麻烦，有什么就放什么，矿物质微量元素严重缺失，饲养标准大打折扣，使产蛋率、受精率、繁殖率大大降低。

（4）拼仔饲养盼高产，营养不足变低产　原来书本上介绍的饲料配方，是满足带2个仔（乳鸽）的，现在1窝拼3个或4个仔饲养，使得乳鸽获得的营养明显减少。乳鸽营养不足，不仅生长缓慢，而且多病。

（5）多维素选用不当　市场上质差价廉的多维素产品很多，许多鸽场没有经验而买到劣质品，花钱乳鸽不见长。

（6）饲料搭配不当造成浪费　据调查统计，目前一般鸽场饲料浪费高达35%，其中原粮搭配不合理占10%，放料过多占7%，鼠耗3%，疫病死亡损失8%，保健砂缺乏、消化不良浪费5%，自然流失2%。按科学测定，一对产鸽含产仔平均1个月所需饲料为4千克，一年用料为48千克，但实际上一般鸽场每月每对种鸽耗料高达5.5千克，一年用料为66千克，以每对种鸽每年浪费饲料15千克计算，则1000对的种鸽场每年饲料浪费为15000千克，按目前市价最低每千克2.7元计，饲料浪费造成的经济损失达4万多元。可见，尽量减少饲料浪费，也是提高鸽场经济效益的有效措施之一。

（7）饲料饮水不洁净　目前鸽场的鸽子发生胃肠病80%是由饲料饮水不洁净引起的，都是病从口入。用EM处理饲料饮水后喂鸽，胃肠道疾病会大大降低甚至根除。

（8）防病用药不合理　如用对繁殖生理有害的磺胺类药物来治疗鸽病，结果鸽病治好了，母鸽也不生蛋了，给生产带来更大损失。又如给鸽打防疫针或大群投药之前，不做安全测试，结果造成打针用药大批停产或中毒死亡。

（9）鸽场不配备兽医技术员　广西一家大鸽场鸽子发生腹泻，采用药贩子推销的禁用药，造成1000多对种鸽服药后中毒死亡。直接经济损失10余万元。这是很简单的技术工作，鸽场配有兽医技术员是可以完全避免的。而目前大中型鸽场配有合格兽医技术员不到5%。这一问题必须引起高度重视。

183. 只引种不选育有什么害处?

只引种不选育主要是指不舍得淘汰低产鸽，养鸽效益打水漂：以一个1000对的鸽场为例，如果有25%种鸽产量低于14只，当年淘汰年繁殖成活不足14只的低产种鸽，当年仍可增收1000元，第二年可增收25000元。不加强选育，不下决心淘汰低产种鸽，是一种看不见的损失。一个高产种群，必须逐年从低到高，不断淘汰年繁殖成活不足13只、14只……的低产种鸽，只有将良种鸽群的产量选在最高峰值，才能最大限度发挥良种鸽群的高产优势。

184. 不建青年鸽棚有什么害处?

目前75%(甚至更多)大中型鸽场为了节约,不建青年鸽棚,缺少育种环境,将留做种的青年鸽饲养在陕小的产鸽笼里,得不到充分运动,性腺发育完全,生产能力会一代不如一代。到第三代以后,良种退化就很明显了。没有青年鸽棚的育种是不科学的,产生的后果是每年要损失15%的产量。

185. 三分引种,七分选育怎样进行?

万对鸽场按5%建立核心种群(种鸽场核心种群要达到10%以上)。给核心种群建宽敞的青年鸽棚,增加15%~20%的营养。这样优生优育种鸽会一代比一代强。

186. 为什么要进行鸽场低产改造?

近几年,笔者接到许多养鸽户求助电话,并要求前往指导。他们养鸽多年,产量一直徘徊不前,虽经多方努力,仍不见提高。自己不懂得低产原因在哪里?笔者走访各地200多个鸽场,看到这是一个普遍存在的问题。各地鸽场低产改造势在必行。

187. 鸽场低产改造的科学程序有哪些?

(1)调查摸底:①了解最近3年的产量;②分别列出高产、低产和停产月份。

(2)对照影响肉鸽产量的9个因素寻找差距:品种选育、饲料营养(含饮水、多维素、保健砂)、环境(含温度、湿度、光照、运动量)、繁殖周期、乳鸽出笼、成熟技术应用、鸽病防控、饲养员素质、技术管理。

(3)分析鸽场的有利条件和不足:有利条件是否得到充分利用,不足方面是否有能力克服。

(4)决定低产改造分两步走:①先抓主要问题,从上述9个因素中选出影响产量最大的3个,认真研究,加以解决。②其次,再对其他问题逐一研究解决。

(5)提出切实可行的增产指标(第一年每对种鸽增产1对比较适合)。

(6)优选增产方法:方法有多种,结合自己条件和能力,选择最容易的1~2种。

188. 鸽场低产改造包含什么内容?

(1)从5个方面对鸽场现状作评估:

①生态环境与基本建设;

②品种优良性能的持续性;

③饲养管理水平能否达到营养平衡；

④疾病防控体系健全与用药合理性；

⑤技术成熟程度（是否配有合格技术员，饲养员培训，新技术应用情况）。

（2）列出造成低产前3位的因素，逐条提出改进措施。

（3）确立高产指标，并分析达到的有利条件和必须解决的问题。

（4）编写出低产改造工作方案（含保险系数），并具体实施。

189. 鸽场在发展过程中如何确定管理工作重点？

根据养殖场当地具体情况，鸽场管理工作重点分为三个档次：

（1）1000～2000 对以学习掌握技术为主。

要求鸽场过好技术关。这一阶段是向技术要效益。

（2）2000～5000 对涉及请人和劳动分工。

在掌握技术的基础上，工作重点转向管理。这一阶段是围绕目标抓管理，向科技投入和高效目标管理要效益。

（3）5000 对以上管理工作重点转向市场。

解决卖鸽难鸽场才能生存下去。由于明确目标，在管理工作中始终抓住鸽场发展主要矛盾并加以解决，使广西的鸽业得到健康发展。

190. 如何取得并用好养鸽先进技术？

取得养鸽先进技术的方法：

（1）请有实践经验的专家（或导师）到鸽场指导，然后保持电子热线交流，随时请教。这是目前最好的办法。

（2）参加全国鸽业会议和学习班。

（3）用自己的优势与掌握养鸽先进技术的企业（或个人）结成产业联盟，或战略合作伙伴，实现优势互补。

（4）到技术先进的鸽场参观学习或打工学艺。

养殖场要用好养鸽先进技术应注意以几点：

（1）树立科学技术是产品市场竞争核心力的价值观，企业一把手要重视抓好第一生产力。建立自己的技术班子，加大科技投入，引进与创新相结合。

（2）留住技术人员。有3点值得注意：①环境优越、待遇优厚留人；②感情温暖留人；③创业激情留人。生产性研究可满足个人的欲望和需求，人才是可以留住的。

（3）加大培训力度，提高员工素质。

191. 如何纠正新技术应用带来的负效应？

近年来肉鸽养殖新技术推广，由于方法不当，条件不成熟或者违反操作规程，不但达不到预期效果，还给鸽场带来很大损失。如打禽流感防疫针前不喂预防应激反应药物，打针后鸽发生严重应激反应，使种鸽大批死亡或停产，打1次防疫针要损失几万元。又如种鸽营养很差，根本不具备人工孵化和拼仔饲养条件，超前推广新技术，结果适得其反。再有，大批用药治疗前不做药敏测试，用药后出现大量死鸽医疗事故。要纠正新技术应用所带来的负效应，方法只有1个，就是技术管理者要懂技术。大鸽场要配备技术副场长，中小鸽场负责人要自己学技术。只有掌握了技术，指挥生产才不出错。

192. 成熟肉鸽场如何转变生产方式和调整产业结构？

成熟肉鸽场必须站在高起点上进行二次创业，通过转变生产方式和调整产业结构来提高效益。在转变生产方式上只要推广鸽粪发酵喂猪，养猪收入就可以抵消鸽饲料涨价。转变生产方式和调整产业结构方法很多，各地要因地制宜，选容易的先上。

193. 如何加大科技培训力度，用现代鸽业先进实用技术武装鸽场？

目前，我国95%以上的鸽场没有合格的技术员和饲养员，现有在鸽场任技术员大中专毕业生没有学过养鸽。都是按照养鸡的理论和经验来指导养鸽。须知养鸽与养鸡有14个不同点，照搬养鸡的经验会走进许多误区，给鸽业生产带来极大的隐患。这是目前鸽场产量上不来的主要原因。这个问题只有加大科技投入，强化岗前培训、在岗补训，下大力气抓好技术队伍建设。培养造就大批高素质的肉鸽企业老总、技术员和饲养员，一个地区肉鸽生产水平才能整体全面提高。

194. 为什么要成立省（区）级肉鸽专家巡回服务团？

现在我们许多大中型鸽场，不是没有建立规章制度，不是没有制订技术措施，而是管理不力，特别是管理执行力的缺席，产量长期上不去。实践证明，开会宣传典型或办班培训两三天，根本不能解决问题。所以，必须组织专家服务团队，对大中型鸽场管理者实行技术管理传、帮、带。

十一、良种蛋鸽生产技术

195. 鸽蛋具有什么营养价值和特殊功能?

鸽蛋含优质蛋白质、磷脂、铁、钙、维生素 A、维生素 B_1、维生素 B_2、维生素 D 等营养成分。有改善皮肤细胞活力,增强皮肤弹性,促进血液循环,使面色红润等作用,被现代医学证明具有美容、壮阳、抗衰老功能。鸽蛋是传统珍贵的滋补品,小巧而名贵,过去为高档宾馆、宴席才能消费。近年来上海、杭州、温州、南京等大中城市消费鸽蛋迅速增长,不仅成为老人、儿童、妇女的滋补佳品,而且还是酒席、宴会互相攀比的佳肴。在这些城市人们能吃上鸽蛋是富有的表现,高贵的象征。由于鸽蛋中含有丰富的胶原蛋白,能除去脸上,特别是眼角的皱纹,又被北方和两广城市用于正在兴起的生态美容业。鸽蛋还是人造燕窝的主要原料。鸽蛋的多功能及其广泛用途使它身价百倍。

196. 饲养蛋鸽为什么优于肉鸽?

按肉鸽公母配对饲养,1 对种鸽年产 20 枚蛋左右。采用蛋鸽先进饲养技术,1 只母鸽年产蛋达 50~60 只,产量提高 2.5~3 倍,饲料、人工节省一半,鸽笼利用提高 80%。饲养蛋鸽的经济效益是肉鸽的两倍以上。从目前市场情况看,鸽蛋产品供不应求,市场缺口大。饲养蛋鸽明显的优于肉鸽。人们担忧,大家都养了市场很快会饱和。但这种担忧是不必要的,因为鸽蛋要发展到目前肉鸽的 1/3,至少需要 10 年时间,所以,鸽蛋作为一种高档稀缺食品,将持续一段很长时间。

197. 蛋鸽选种与定向培育要做哪些工作?

蛋鸽选种与定向培育要做好 3 项工作:看蛋选种、从小培育、蛋鸽上笼。

198. 如何做好看蛋选种工作?

目前还没有公认的蛋鸽品种,从事鸽蛋生产的鸽场,都是从肉鸽品种中选择产蛋多、蛋大个的种鸽作为产蛋种鸽。在广西可以选作蛋鸽的肉鸽品种有高产的美国银王鸽、天翔 1 号白王鸽和深王等 3 个品种。

199. 高产蛋鸽为什么要从小培育?

目前,产蛋鸽一般按照培育产蛋鸡的方法来培育,但不同的是产蛋鸡在种鸡场里培育,生产与育种是分开的;产蛋鸽要由养殖户在生产鸽场里自己培育，生产与育种是合在一起的。已经公母配成对开产的成年肉用种鸽，生蛋孵化和哺育乳鸽的生产方式、繁殖习性已经形成和固定，很难改变，要它只产蛋不孵化，将生下的蛋拿走就行了，这样虽然产蛋周期可缩短，但产蛋不多，达不到蛋鸽生产的目标；若将已经配成对的公母鸽子拆开，将公鸽换成母鸽，两只成年母鸽合在一笼饲养，改变了它的繁殖规律，它们会拒绝产蛋。所以，要将肉鸽改成蛋鸽并获得高产，必须从乳鸽开始培育。乳鸽在离窝时就进行公母鉴别，然后将90%公乳鸽作为商品乳鸽出卖，余下的作为后备蛋鸽品种培育。

200. 怎样做好后备蛋鸽上笼工作？

后备蛋鸽饲养到5个半至6个月时，已经性成熟，可以配对上笼繁殖。这时，80%实行双母组合上笼，20%实行公母配对上笼。不能让产蛋母鸽看见接受性刺激，否则会引起产蛋异常。平时公母配对上笼母鸽产下的蛋也立即取出，需要更新、补充产蛋种鸽时，才让它们孵化、育雏。

201. 确立高产蛋鸽营养标准的科学依据是什么？

给予相应的饲料和保健砂，保证产蛋鸽获得足够形成鸽蛋的基本物质，蛋鸽才能按照人的期望生产出又多又大又好的鸽蛋。构成鸽蛋的物质主要有蛋白质、磷脂、铁、钙、维生素 A、维生素 B_1、维生素 B_2、维生素 D 等。可以在现有的肉用种鸽饲料和保健砂配方中加大多种维生素和矿物微量元素的用量，若要求产蛋量提高 3 倍，上述物质在饲料配方中的含量也要增加 3 倍。同时做好其他营养成分的平衡，这样才能达到高产蛋鸽的营养要求。在生产过程中要不断试验、摸索，才能确立高产蛋鸽的营养标准，将当地肉鸽饲料、保健砂配方转换成蛋鸽饲料、保健砂配方，使饲养的蛋鸽获得高产。

202. 如何补喂蛋鸽专用催蛋添加剂？

目前，多采用增蛋灵或蛋多多。这两种添加剂均能加速卵细胞成熟和蛋壳形成，缩短产蛋周期，使良种鸽的产蛋周期由现在 25～30 天，逐步缩短到 20天、15天、10天，最后达到 7 天，实现双母拼养 1 个笼位年产蛋达 60 枚。

203. 怎样延长蛋鸽的产蛋高峰期？

采用中草药剂制抗衰老，延长蛋鸽的产蛋高峰期。同高产蛋鸡一样，提高产蛋能力后，蛋鸽衰老提前，产蛋高峰期大大缩短。因此，在给蛋鸽加强营养的同时，必须采用中草药剂制抗衰老，使高产蛋鸽的利用年限由 1 年提高到 2年以上。这样能大幅度降低蛋鸽生产育种成本。

204. 怎样培育高产蛋鸽种群？

即使在一群年轻、高产的蛋鸽中，每只母鸽的产蛋量是不一样的。在鸽场

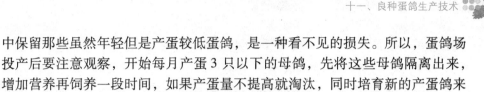

中保留那些虽然年轻但是产蛋较低蛋鸽，是一种看不见的损失。所以，蛋鸽场投产后要注意观察，开始每月产蛋 3 只以下的母鸽，先将这些母鸽隔离出来，增加营养再饲养一段时间，如果产蛋量不提高就淘汰，同时培育新的产蛋鸽来补充。淘汰多少就补充多少。随着生产水平的提高，按上述方法逐步淘汰每月产蛋 4 只以下的母鸽。在蛋鸽生产饲养管理中，不断淘汰低产蛋鸽和培育、补充高产蛋鸽，使全场良种蛋鸽永远保持在产蛋高峰期内，同样的种鸽、饲料、人工投入，产蛋量可提高 30% 以上，实现蛋鸽场高效、可持续发展。

205. 肉鸽场转换成蛋鸽场要掌握哪些项关键技术？

肉鸽场转换成蛋鸽场要掌握选好产蛋种鸽、提高营养水平、计算形成和产出 1 枚鸽蛋需要的时间、蛋鸽"双母拼笼"饲养要注意方法、营造产蛋最佳温度、补喂黄纸多糖和卵炎康、注意投药对产蛋的影响、全面采用 EM 等益生素、巧用添加剂可提高鸽蛋的品质、科学选择驱虫时间和用药量等 10 项关键技术。

206. 怎样选好产蛋种鸽？

（1）产蛋鸽品种应从现有的产肉鸽良种中选育；如果已经进行人工孵的肉鸽场，把最高产的 25% 的种鸽产的蛋孵化出的后代，留作蛋鸽留种用。同时从低到高将每月只产蛋 1 ~ 1.5 次的蛋种鸽淘汰。按目前的产生技术水平，选出每月产 2.5 次（即 5 枚蛋）的种鸽作为高产蛋鸽的设计目标。

（2）在换毛期选种；选择换毛期不停产蛋的高产种鸽的后代作为蛋鸽品种。

（3）每只鸽蛋在 20 克左右为宜，将产蛋过大（28 克以上/只）或过小（17 克以下/只）淘汰。因为产蛋过大形成蛋的周期过长，很难实现月产 2.5 次，产蛋过小虽然周期缩短产蛋多，但是鸽蛋品质差，售价低。

207. 怎样提高产蛋鸽营养水平？

（1）按高产指标，供给生成鸽蛋足够的营养物质。

（2）高产蛋的饲料配方；按高产蛋需要多少营养物质来设计，蛋白质、维生素与矿物微量元素的添加量要比每月只产 1 次蛋的肉鸽饲料加大 2 ~ 3 倍。计算方法是肉鸽正常繁殖需求量 + 增蛋的需求量，这样才能保持高产蛋鸽的营养平衡。

208. 怎样为鸽蛋的形成创造良好的条件？

形成和产出 1 枚鸽蛋需要时间的长短与鸽子的品种、年龄、营养、健康状况、环境等因素有关。我们能够做到的是，为加快鸽蛋的形成创造良好的条件，在营养充足，品种、年龄、健康、环境都优化的情况下，产蛋间隔时间短的，并给鸽子补予足够的钙质和增蛋灵。

209. 鸽笼改造为什么要分两步走？

（1）将现有鸽子笼由 3 层改为 4 层，把悬空的巢盆放到笼底，使现有鸽笼的养容量增加 1/3。

（2）当蛋鸽的孵化、育雏功能已逐步退化、消失以后，再取消巢盆，同时把笼底斜面，如同蛋鸡笼，斜面向人行道倾斜，末端伸出笼外向上弯曲成集蛋槽，让母鸽产蛋后流到笼外，减轻饲养员检蛋时间和劳动强度，从而提高劳动生产率，使一个饲养员管理产蛋鸽数量提高到 2000～2500 只。

210. 蛋鸽"双母拼笼"饲养要注意什么？

现有的公母配对的种鸽，移走公鸽将 2 个母鸽拼在一起饲养，母鸽不适应会停产很长一段时间。双母拼笼的前提必须是从幼鸽开始，让 2 只母鸽和谐相处才能正常产蛋。至于在原产鸽笼中安排 1 公带 7 母（即：3 对是双母，1 对是 1 公 1 母）用公鸽叫声来刺激母鸽产蛋，这是养鸽者的主观想象，是没有科学根据的。实际上在蛋鸽之乡温州平阳就没有 1 公带 7 母的安排，蛋鸽生产同样也搞得很好。

211. 怎样营造鸽产蛋最佳温度？

蛋鸽产蛋最佳温度在南方为 15～28℃，北方为 10～25℃；南方低于 12℃，北方低于 8℃，就采取提高温度措施；当高温南方 34℃，北方 30℃就采取降温措施。鸽子对温度的具体要求是，每天最高或最低温度持续时间超过 1 小时为影响生产能力临界温度。所以，当气温越过临界温度降低或升高超过 1 小时就要采取保温或降温措施，否则产量会出现波动。

212. 为什么要补喂黄芪多糖和卵炎康？

蛋鸽开产半年后要补喂黄芪多糖等抗衰老药物，补充卵炎康等由于超负荷产蛋造成产道损伤修复保健药物，以平均月产 2.5 次蛋，1 年的产量等于原来 2 年半的产量。这样产蛋 1 年后，母鸽卵巢就开始衰老了，必须添加抗衰老药物，否则两年产蛋鸽卵巢就达到正常鸽五年的衰老程度（注：高产蛋鸽是 8 个月更新淘汰）。鸽喂抗衰老药物蛋鸽的利用年限也只能维持两年半至三年，产蛋满三年的必须淘汰。

213. 哪些药对产蛋会有影响？

磺胺类药、球虫药、痢特灵、甚至土霉素、四环素等对鸽产蛋均有不同程度影响，这是目前大多数鸽场没有考虑到的，也是传统兽医用药的误区。在治疗鸽病时，要注意安全用药，即要治好病又不影响鸽子的产蛋量。

214. 为什么要用 EM 等益生素?

改善鸽的胃肠道功能,提高鸽的消化吸收能力,从而提高鸽对饲料的利用率,增加鸽对营养物质的有效吸收,从而提高产蛋率。实践证明每星期喂 3 次 EM 饮水,鸽的产蛋率提高 15%。

215. 用什么添加剂可提高鸽蛋的品质?

在鸽的保健砂或颗粒饲料中添加 3% 海带、0.2% 大蒜、0.1% 红辣椒粉可提高鸽的产蛋率与鸽蛋的品质。

216. 怎样科学选择驱虫时间?

驱虫时间要错过产蛋高峰期,驱虫药不能含有磺胺成分,驱虫用药前后要结合使用抗应激反应药物。既要消除肠道寄生虫危害,又要确保产蛋量不受影响。

217. 如何分析 1000 对蛋鸽场投资效益?

按广西 2011 年市场价计算,投资 9.17 万元,饲养 1000 对蛋鸽,年产销鸽蛋 10 万多只,年纯收入约 11 万元。是饲养肉鸽效益的 2.5~3 倍。鸽场建设与投资效益分析如下。

▲蛋鸽舍建设

鸽舍要求阳光充足,地势高燥。蛋鸽场都实行自繁自养,需要建蛋鸽舍和童鸽、青年鸽舍。

(1) 蛋鸽舍:蛋鸽采用笼养,可利用普通闲置房改建成鸽舍,也可新建鸽舍。铁线鸽笼由工厂生产,单笼规格深、高、长分别为 0.6 米 × 0.5 米 × 0.5 米。三层四格构成 1 组,每组笼饲养 12 对。新建鸽舍应计算好使用鸽笼的数量及摆放方式,以此来决定每间鸽舍的长、宽和面积。若在平房内饲养,屋顶每 4 平方米面积要安装一块 50 厘米 × 60 厘米的亮瓦。若在楼房下层饲养,则窗户面积应比普通住房加大 1 倍,或改成半墙敞棚式结构。饲养 1000 对种鸽需要 85 组鸽笼和修建 4.5 米 × 15 米规格的 300 平方米鸽舍 1 幢。

(2) 童鸽、青年鸽舍(饲养预备种鸽用):1000 对蛋鸽需建 50 平方米童鸽、青年鸽舍,要求实行离地网上圈养,网面离地面 0.8 米。围网可一半露天,一半在室内,露天面用竹条或尼龙网盖好,以防鸽飞走。网内分隔成 3~4 个小区,按鸽日龄分群饲养,每群 60~80 只。

▲蛋鸽场投资概算:合计:9.17 万元。

(1) 种鸽繁殖很快。鸽场要获得高产,一般都要经过自繁自养二次选育高产种群。所以,饲养 1000 对只需引种 350 对。3 月龄种鸽每对 70 元,共 2.45 元。

（2）85 组铁线鸽笼，每组 200 元，共 1.7 万元。

（3）鸽舍 300 平方米，每平方米造价 80 元，共 2.4 万元。

（4）童鸽、青年鸽舍 50 平方米，预计造价 2750 元。

（5）水电、工具、防疫消毒药品共 4000 元。

（6）饲料周转金（按 350 对 120 天饲料计算）约需 7500 元。

（7）不可预测开支（以上 1~6 项总和×15%）共 1.196 万元。

合计：9.171 万元，概算取 9.17 万元。

▲经济效益分析

（1）全年卖鸽蛋收入：留足 1000 对蛋鸽（1850 只母，150 只公）后，计划年产鸽蛋 10.8 万只，除去留种，可出售鸽蛋 10.5 万只，每只 1.8 元，共收入 18.9 万元。

（2）饲养成本支出：①饲料：1 对种鸽 1 个月用混合杂粮 2.25 千克（按 50% 原粮，50% 颗粒饲料计算），合计每千克 2.26 元，2.25 千克为 5.085 元，12 个月用 61.02 元。1000 对年饲料费为 61020 元；产蛋饲料（按蛋料比 1:2.2 计算），平均每只鸽蛋 20 克，50 只 1000 克。108000/50 = 2160 千克，年耗料为 4752 千克，每千克 2.26 元，合计 10739.52 元。全年饲料支出 71759.52 元。②保健砂、维生素每对（含产蛋）4 元，防疫、消毒药品 2.5 元，合计 6.5 元。1 年营养保健支出为 6500 元。③水电 500 元。全年支出 78759.52 元。

（3）收支相抵，年纯收入 110248.48 元。

▲办场经营提示：要获得上述经济效益，必须具备 4 个条件。

（1）选用优良蛋鸽品种，每只蛋鸽年均产蛋 60 只以上。

（2）认真学习，熟练掌握蛋鸽生产关键技术。

（3）有稳定的流通渠道与销售市场，一般以直销为主。

（4）掌握鸽蛋储藏保鲜技术，减少流通过程中的损失。

十二、信鸽的饲养和训练

218. 信鸽与肉鸽从外形上看有何区别?

肉鸽体大多肉,信鸽体小肉少。同一个品种的信鸽和肉鸽(如贺姆肉鸽和贺姆信鸽)体型和体重要相差三分之一以上。肉鸽一般低飞,飞翔高度多数在 20 米以下;信鸽一般能高飞,飞翔高度多数在 20 米以上,信鸽辨别方向和回归能力强,肉鸽辨别方向和回归能力弱。

219. 选购信鸽主要看什么?

信鸽一般都具有高度发选的辨别方向的能力。坚强的归巢毅力和持续的飞翔能力。优秀的信鸽的识别需要查系谱,但也可从下列特征加以识别:

(1)外观形态:体形呈等边三角形,上宽下窄,前宽后窄,身躯各部发达,姿势正直。头园额宽、两眼活泼、瞳孔小而敏锐,羽毛有光泽。

(2)体重:雄鸽 500~600 克。雌鸽 450~500 克为宜。

(3)眼沙:纯正而澄、清,有活跃的朝气。

(4)嘴甲:不可过大,与额部同连而形成一条弛缓的曲线,鼻瘤与眼环也不可过大。

(5)颈:长短适中、粗壮强健。

(6)膈体:稍圆。且不可避长。胸肌发达,喉大肩宽,腹部紧收,龙骨直而短。

(7)翼大:翅膀有弹力,收缩要快,张开时成一球面。

(8)尾羽:小而紧,张开像一把扇子,叠起来时只见一根尾羽(即所谓的一字尾),与背部在一直线上。

(9)羽衣:裹着鸽体的羽毛要柔软而致密,富有油性,对雨水抵抗较强。

(10)风采:英敏俊秀,雄鸽要威武,雌鸽要优美。

220. 新买进的信鸽怎样驯养?

新买进的信鸽为了防止返回原舍,要用胶布将其尾羽粘连,固定不让它飞,使其在鸽舍地上生活。经过一段时间。熟悉了环境,而且公母已配好对,可先拆除雄鸽尾羽的胶布,让它学飞。母鸽继续固定在舍内。若是学飞的雄鸽恋恋不离母鸽,不愿远飞,则可进一步加强训练。到雄鸽会自由起落同归鸽舍时,再按此法训练雌鸽。雌鸽都能分别单独飞行,不可让其成双飞翔。如此做法，逐渐组成鸽群，一旦有了带飞的鸽子，再新引进鸽子，训练就很方便。新训飞的鸽子不能受到惊吓，否则会一去不复返。开飞训练最好在傍晚前进行，这时鸽不愿远飞，故不易丢失。刚开始组建鸽群，数量不宜过多，以 6 ~ 10 对为好。

221. 信鸽的饲喂与肉鸽有哪些不同？

有如下 5 个方面与肉鸽不同：

（1）成鸽要进行饥饿训练。

（2）为让鸽子养成良好的进食反射和听从主人的指挥，饲喂食物时要给鸽子规定一个明确信号或口令，使其形成良好的条件反射，做到招之则来，挥之则去。

（3）对长途飞行，刚刚归巢的赛鸽，不要急于喂水，要特别注意控制暴饮暴食。应休息片刻，使心肺及其他内脏器官恢复正常时，才给少量饮水。饮水中要加些盐和葡萄糖，休息 1 ~ 2 小时，未见异常，可任其饮食。

（4）进行特殊训练的鸽子，要根据其任务或训练的需要来喂食。如需要进行甲、乙两地飞行训练的，开始阶段让鸽子栖于甲地，食于乙地，使鸽飞翔于两地之间，达到通讯目的。

（5）信鸽接触外界多，为了确保其安全，要训练它不随便吃他人给的食物，可换个生人去喂，当它采食时，应放鞭炮或用其他恫吓方法以阻止其采食，经过几次教训，鸽就不食他人给予的食物了。

222. 信鸽选种要注意什么？

选择优良的信鸽种鸽要掌握以下几点：

（1）要掌握做种信鸽的训练，竞翔的履历和取得的成绩，并要了解其上代及弟兄姐妹的竞翔情况，选优为种。

（2）从外观看，要体格健壮，动作敏捷，与其他鸽打斗毫不示弱，体型匀称，羽毛光亮、整齐、紧凑、羽条宽阔，羽干粗壮、排列均匀。

（3）种鸽的年龄一般公大母小，最好公母相差 1 ~ 2 年。

（4）选用遗传性能稳定的纯品种鸽相配，不论血统相同或不同，其子代鸽与亲鸽的特征性能差异不大，即使到下代子鸽，性能也是基本稳定的。

（5）种鸽的体型，善于长距离飞翔的信鸽，均是身体较长，龙骨平直，胸部肌肉发达而富有弹性，两翼刚劲有力，羽杆粗、羽条长，周身羽毛紧密光滑，则在空中飞翔时阻力小、升力大、速度快。

（6）种鸽体重选择在 0.4 ~ 0.5 千克左右。一般雌鸽的重量要小于雄鸽 30 ~ 50 克左右，竞翔体重标准没有统一规定，只要强健敏捷体重稍大也行，从耐饥渴和蓄能量的角度讲，质量稍大是有益的，体重过轻，则经不起千里远征。

223. 放养的鸽外出求偶，配成对后，飞归何方？

一般是归向被追求的一方。如果是雄鸽外出求偶，到了新的巢房不理想，则雄鸽会携偶返回原地居住；如果是雌鸽外出求偶，则往往是跟随雄鸽，很少飞回。

224. 新买的童鸽或青年鸽能否自由放养？会不会飞回老家去？

一般信鸽都不宜放养，新买进的童鸽或青年鸽至少要关养 3 ~ 5 天，让它们适应新环境。据观察，新买童鸽还没有记忆力，不会飞回老家。青年鸽已初步形成记忆力，如新到环境不适应，有部分能飞回老家去。所以信鸽最好实行圈养或笼养，以防飞走。

225. 信鸽为什么要进行饥饿训练？

进行饥饿训练是由信鸽的用途本身所决定的。为了适应远程竞翔或长途通讯任务的需要，一只良好的信鸽必须经过饥饿训练，其目的是锻炼鸽在困难情况下能继续竞翔和执行任务，能顺利归巢。训练的方法是：每月进行 1 次，只喂 1 次水照常飞行。另外，为了保持鸽子良好的体质，对于过肥已影响正常飞翔训练的信鸽，也要适当进行减食、停食，使鸽子减肥。通过饥饿训练的信鸽，能更容易接受主人的训练。

226. 怎样训练幼鸽飞行？

一只优秀的信鸽，除具备良好的品种和健康的个体条件外，正确的人工训练尤为重要。信鸽的训练应在幼鸽还不能飞翔时开始。为了使它们熟悉记忆鸽舍的形状，周围环境，地形以及地理、气压等自然现象特点，先让幼鸽在鸽舍附近活动，不久幼鸽开始学飞，这时，每天上午、下午将幼鸽放出，任其自由飞翔 15 ~ 30 分钟即召唤回归鸽舍，并喂饲料。至 3 个月龄时，可选定一个方向，携带鸽至距舍 1 公里处，放出任其飞回，第 2、3、4 天交换方向作同样放飞。休息 1 天后，再从 2 公里处放飞，各个方向都轮放 1 次。以后放飞距离逐渐增至 4、8、16、32 公里，然后再巩固 1 个月，预备训练即告结束。正式训练改为定向训练，即选定计划放飞目的地方向训练，距离由 32 公里逐渐增至 50、80、100、200、400、600、800、1000 公里，这段训练时间一般不宜超出 3 个月。而 1 岁以内的幼鸽，竞翔距离受限于体质，掌握在 1000 公里以内为宜，两岁以上的信鸽可增至 1000 公里以上，作远距离竞翔。训练时应注意 3 点：

（1）信鸽训练宜在城郊没有高压线的空旷开阔地方进行。

（2）初期训练宜用红、白两种信号旗。鸽子最讨厌和害怕红色，为了锻炼鸽的飞翔耐力，不让鸽子降落休息，可摇动红色信号旗，这样鸽就会在低空盘旋。不敢降落。需要鸽子归巢时，即摇白色（也可用黄色、蓝色）的信号旗。

（3）平时信鸽饲喂玉米、高粱、荞麦、豌豆、竹豆、小米等混合杂粮，训练或者竞翔时，要加入10%～20%的火麻仁或者油菜籽，以增加能量。训练期间，信鸽飞回时立即喂料，使它养成回舍后即能立即采食的条件反射，这样有利于培养归巢能力。

227. 怎样训练竞翔信鸽？

竞翔信鸽要善于飞翔，不但要有远翔归巢能力，而且还要有应付各种复杂的情况的能力。因此，仅有简单的飞翔训练还不够，还要经过一些专门的管理和训练，才能参加较长距离的飞行比赛。这些训练项目前是：

（1）体质训练。优秀的竞翔信鸽要具备远翎能力。首先要有健壮的体格，体质训练主要靠平时常规飞翔训练。每次放飞时，注意培养和锻炼鸽的耐力，逐渐增加飞翔时间，使鸽子的身体各部器官适合于长途飞翔的要求。

（2）最佳竞翔状态的培养。为了获得良好的比赛成绩，需要在赛前注意调整和培养赛鸽的竞翔状态，使赛鸽在比赛时处于最佳的竞翔状态。

（3）飞翔运动量的调整。赛前的1～2个月，应适当增加赛鸽的飞翔时间和放飞次数，对赛鸽实施适度的强制飞行和放飞训练。同时适当加强食水调剂。比赛前1周，开始逐步减少运动量，到比赛前的最后2天，停止飞翔，让赛鸽在舍内外自由活动，使其充分休息，准备竞翔。

（4）寡居法竞翔。即在竞翔前，将雌雄赛鸽分别单独喂养，待竞翔放飞之前，将雌、雄鸽放回原巢箱内，做短暂的会面，利用鸽子恋偶的感情来促使鸽子飞出好成绩。

（5）孵卵期竞翔。利用鸽的爱卵之情，安排竞翔比赛将有助于归巢。利用孵卵时的雌雄亲鸽本能的定时换班抱窝，每当到了"换班"的时间参加竞翔，不但归巢性强，而且回归的速度快。

228. 怎样进行信鸽的晚间飞行训练、两地往返飞行训练、游动飞行训练？

（1）夜间飞行训练：鸽子眼睛视力很强，对光线反应灵敏。在进行夜间飞翔训练时，应在鸽舍内外安装电灯，并要保持足够的亮度。同时还要显示出鸽舍的标志特征，便于鸽子夜间识别。开始训练可在天黑前进行，逐步提高鸽子的夜间识别地形、地物的能力。开始可近舍训练，然后逐渐增大距离。信鸽可以凭借敏锐的视力，寻找灯光照射下的鸽舍降落，归巢。

（2）两地往返飞行训练：将训练信鸽连同配偶一起从甲地（原鸽舍）带到乙地，让雌雄鸽在乙地熟悉鸽舍和环境情况，生活一段时间之后，便将雌雄之一，放出鸽舍（一般先放雄鸽）。鉴于信鸽恋巢的特性，便会飞回故里（即甲地）；在旧居寻不到自己的配偶，便会站卧不安。又鉴于其恋偶特性，加之开始对放飞时人为的催促，鸽子便从甲地飞往乙地，长此以往，并配以饮食调教，信鸽便能在甲、乙两地之间往返飞行，传递书信。

（3）游动飞行训练：为了适应特殊情况的需要，使鸽子能在游动不固定地点的鸽舍起飞和降落，便要进行游动飞行训练。游动飞行适用于较短的距离，鸽舍可放在有一定标记的军车上；登山，探险用的肩背式巢箱背在背上；林区或边防哨所将鸽舍（笼）提在手中等。游动鸽舍（巢箱、笼）要有明显的特点，便于鸽子在飞行中容易辨认、识别；养鸽的主人在鸽舍以旗语或口令训练信鸽，使之听从指挥。训练游动飞行的鸽子主要采用亲和训练及异性诱惑训练。亲和训练是利用鸽对人的亲近感。对经常饲喂它们的人很愿亲近，见到主人喂食便主动围拢过来。亲和训练宜从幼鸽时期开始，在鸽饥饿时，利用给食机会，对幼鸽进行训练。异性诱惑训练是利用鸽子的恋偶特性，将初恋甚密的一对雌雄鸽，单独带到环境、地形比较简单的场地，并将其中之一就近放出（让互相能直接看到对方），利用鸽的恋偶性，放出的鸽很快会飞回游动巢箱（或鸽笼），由近及远，从简到繁，久练成熟，便能随时随巢舍行动归巢。

十三、肉鸽疾病诊断与防治

【编者按】据初步统计，因疾病造成的经济损失占肉鸽总产值的20%，鸽病防治应当引起足够重视。

229. 鸽病发生的原因是什么?

引起鸽群发病的原因很多，归纳起来主要有下列五个方面:

（1）引入病鸽　从鸽场外引入了患有传染病或寄生虫病的病鸽，或者通过有病原微生物的饲料、空气和工具等传入了病原体，另外参观人员不注意消毒，带入了病原微生物，这些都易引起肉鸽发生传染病。

（2）相邻养殖场传染　鸽场与猪场、鸡场、鸭场建在一起或相邻，当其他畜禽患了共患性传染病（如禽霍乱、副伤寒和丹毒等）时，鸽群也会被感染。

（3）环境卫生差　饲养管理差，造成环境卫生不良，饮水不清洁，鸽笼积粪过多，导致病原微生物孳生繁殖。这也是肉鸽发病的重要原因之一。

（4）饲料单一或发霉变质　饲料单一、调配不当，或喂给已经发霉变质的饲料，容易使肉鸽发生营养代谢病或饲料中毒。

（5）鸽舍建筑结构不合理　冬冷夏热，通风透气差。天气变化时，又不注意防寒保暖，使肉鸽不能适应，易发生流行性感冒和呼吸系统的疾病。

230. 健康鸽与病鸽的肉眼辨别?

用肉眼辨别肉鸽是否有病，全靠平时细心观察。观察时要特别注意以下几点:

（1）健康鸽两眼有神，动作活泼;病鸽精神不振，懒出鸽舍，两眼呈欲睡眠状，眼皮肿胀则系眼病。

（2）健康鸽羽毛丰满，常有光泽或粉质;病鸽羽毛暗淡无光、无粉质，病重者在非换羽期也脱羽，新羽生长慢。

（3）健康鸽的鼻瘤呈白色粉状;病鸽鼻瘤污秽而带有鼻涕。

（4）食欲好的为健康鸽;不愿进食或喂料时远避者为病鸽。

（5）粪便呈线条状、粘土状、稍硬或块状，表面有部分呈白色者为健康鸽;粪便呈稀糊状、水较多，或带有绿色成分较多者为病鸽。

（6）肛门深藏在绒毛中，周围无污秽者为健康鸽;肛门红肿突出，附近带有污秽者为病鸽。

(7) 口腔内有黏液、薄膜、臭气、积物等为病鸽。

(8) 嗉囊内有适量物质和水分的为健康鸽；如存有大量气体和水分的为病鸽。大量积食、嗉囊变硬者也是病鸽。进食后有呕吐现象，则为消化不良或胃肠炎。进食过量也属病态。

(9) 两翼松弛、不能站立者，可能是有伤或有软弱症（虚弱、维生素缺乏、软骨病等）。

(10) 健康鸽用手捉时逃避快；病鸽则无力逃避，较容易捉拿。

(11) 健康鸽拿在手中可感觉到腹部、胸部肌肉较为丰满；病鸽则体瘦，胸骨突出。食欲正常又特别瘦者体内可能有寄生虫。

(12) 用手摸肉鸽的双脚，脚暖者为健康鸽；脚冷者为病鸦。

总之，每天喂肉鸽前要细心观察 5~10 分钟。当发现有肉鸽不想食、无精神，常蹲在舍（笼）内暗处、眼半开半闭、羽毛蓬松无光泽、缩头、垂翼、拖尾、行走缓慢、粪便呈绿色或红色稀薄状等，应立即隔离治疗。

231. 鸽患病有哪些特征?

鸽患病有如下十大特征：

(1) 精神不振，懒于行动，独自躲在僻静的角落。

(2) 颈部蜷缩，羽毛松乱，不愿飞，行动迟钝。

(3) 眼睛暗淡无光，常闭眼昏睡。

(4) 拉黏绿稀粪，并有异味。

(5) 肛门红肿，周围羽毛被粪便污染。

(6) 少吃或不吃，口臭。

(7) 全身羽毛不整齐，头或颈部有斑秃现象。

(8) 很瘦、胸骨如刀。

(9) 两脚干枯，失掉鲜艳色彩。

(10) 大量饮水，不吃饲料。

232. 新买进的种鸽为什么容易生病? 怎样预防?

新买进的种鸽（特别是从市场买回来的），由于在交易场所或运输途中往往会被病菌病毒等病原生物感染，或者由于环境、饲料改变，使鸽一时不能适应，所以容易患病。预防的方法：①从市场或外地引进种鸽成交时应严格检疫，运输到家时每只鸽喂一片敌菌净防病。同时要隔离观察 7~14 天，确实无病才合群饲养。②如果买进的种鸽喂得过饱，除喂敌菌净外，还要加喂 2~3 片酵母片帮助消化。若是喂了酵母片仍不消化，就要灌服切碎的大蒜一片进行催吐，让鸽将不消化的饲料吐出，若是服了大蒜也不吐，则要开刀嗉囊，挤出饲料再缝合，切口按外伤处理。

233. 鸽病发生有哪些规律?

长期在基层从事肉鸽研究生产与推广，笔者经历了鸽病从少到多，又从多到少，再从少到多几个反复的过程。开始饲养肉鸽是圈养，数量少，自然隔离好，很少发病。饲养成功后，来参观、学习、引种的人多了，鸽的传染病也渐渐多起来。推广笼养鸽后与外界接触少了，鸽的传染病又明显减少。随着养鸽户增多，鸽业迅速发展，技术没有跟上，鸽病又多起来。经过学习班培训，掌握饲养管理技术后，鸽病又渐渐减少。随着肉鸽向产业化发展，饲养管理没有跟上，鸽病又呈上升趋势。

234. 鸽病流行有哪些特点?

（1）近几年来，引种方法不当、防疫打针失误、甚至推广新技术都在一些大鸽场引起鸽病暴发，造成大批死鸽或者停产，损失惨重。

（2）病毒性传染病以鸽新城疫和鸽痘比较普遍。鸽场卫生差细菌性肠道传染病发病比较多。以成鸽带虫通过哺乳，使乳鸽感染毛滴虫发病死亡严重。

（3）鸽场缺医少药，鸽发病得不到有效防治而死亡占较大比例。

235. 根据鸽病发生发展规律与流行特点，可以得出哪些结论?

可以得出如下3点结论:

（1）鸽业迅速发展，技术没有跟上，是鸽病发生流行的主要原因。

（2）近年来造成大批死亡的鸽病，绝大多数是可以防治的。

（3）极少数病毒性传染病目前无药医治，也是可以防控的。

236. 鸽群的综合防疫措施有哪些内容?

平时，应贯彻"预防为主、防治结合"的方针，把防疫工作做在疫病发生之前，坚持"无病早防、有病早治"的原则，使鸽群的防疫工作经常化、制度化，鸽群的综合防疫措施有如下几内容:

（1）认真消毒

鸽舍内外每1~2周消毒1次，可选用百杀毒、消毒王或抗毒威（按说明书使用）笼下地面或运动场消毒一般是撒石灰粉。消毒时先清洁，然后喷药。饮水器和食饲料槽要经常清洗干净。鸽场和鸽舍的入口处设有消毒池，放入百杀毒稀释的水溶液，进入的人员要将鞋底消毒。尽可能不让外人进入鸽舍和运动场。参观者必须遵守严格的消毒制度。

（2）单独建场饲养

不论饲养多少，肉鸽都要单独饲养。不能与鸡、鸭、鹅、兔、猪、牛、羊等混合饲养（用笼分别隔开共一舍是可以的）。要制定严格的管理法规：鸽场人员不得从外面购买病、死畜禽肉回场煮吃；发现场内有病鸽，应立即隔离治疗；死鸽要严格处理，不得随便宰吃，应拿到场外偏僻处深埋，以防扩大传染；大鸽场的专职饲养人员每年进行体格检查1次，患有肺结核等传染病的人不宜在鸽场继续工作。

（3）坚持自繁自养

在搞好选种选配、防止品种退化的基础上要坚持自繁自养，这是防止传染病发生的有效措施。从外地引入良种时，应严格执行检疫制度。买进种鸽时要隔离观察2个星期，确实健康无病者，才能合群饲养。

（4）搞好饮食卫生

经常检查，保证饲料质量，搞好饮水卫生和鸽舍内外的清洁卫生。抓好该环节，鸽病的发生可降低到最低限度。

（5）做好经常性的检疫工作

当附近地区发生家禽传染病时，就要对鸽群进行免疫。当鸽群可能受到某种传染病威胁时，要及时进行疫苗接种，以提高肉鸽的免疫能力，防止疫病发生。

（6）鸽群发生烈性传染病后要采取紧急措施

向当地的兽医部门报告，尽快做出诊断，立即封锁疫区。

237. 大群养鸽怎样防疫？

大群养鸽怎样才能做到不发病或少发病，下面提出直接与防疫有关而又容易被忽视的几项防疫措施，供养鸽户参考：

（1）切忌饲料单一，组成鸽的日粮要有2~3种杂粮，1~2种豆类。同时，每天要喂清洁的饮水和新鲜的保健砂。使鸽获得全面营养，可增强抗病能力，减少营养不良等代谢病的发生。

（2）要使鸽舍通风、光照良好，保持舍内地面干燥。使鸽在舒适的环境中生活。这样可防止感冒、气管炎，以及由此而诱发的其他疾病。

（3）及时清除鸽笼内和巢盆里的粪便。哺乳期间注意更换粪便污染的巢草，防止通过巢草和粪便传播病原微生物和寄生虫。

（4）鸽舍门前应设有消毒池，凡进入鸽舍人员必须从消毒池内走过，认真消毒鞋底。

（5）鸽舍一般谢绝参观。必须参观的人员也只能在鸽舍外面看，绝不能进鸽舍内捉摸种鸽和翻动窝内小乳鸽，以免带入细菌和病毒，传染疾病。

（6）多种用具、物品进入鸽舍前要清洁消毒。病鸽舍的饲料及用具，不得带入健康鸽舍，病鸽吃剩的饲料不得用来喂健康鸽，以免传染。

（7）30～90 日龄的鸽子应与成年鸽分开饲养，这类鸽舍的地面要铺竹垫，或将它们放在楼上饲养。晚上绝不能让它们在地上过夜，以免受凉生病。

（8）鸽舍以小间为好，饲养以小群为宜。要求每间不超过 15 平方米，每群不超过 30 对。

（9）新引进种鸽回来先喂 1 片敌菌净预防禽出败，隔离观察 1～2 星期，认为确实无病才能合群镝弊。

（10）平时要留心观察，注意鸽群的健康情况。发现饮水、采食、粪便、羽毛、呼吸、神态有异常的病鸽要及时隔离出来，并请兽医诊断治疗。

238. 鸽群发生烈性传染病为什么要尽快做出诊断和立即封锁疫区?

（1）尽快做出诊断：以便在大流行前就采取有效的防疫措施。发现病鸽立即隔离，要求病鸽和健康鸽的用具、饲料及饲养员都尽可能分开。家庭养鸽，喂养人员无法分开的，也要注意消毒，先喂健康鸽再喂病鸽，然后将手脚进行消毒。对隔离出来的病鸽要加强治疗和护理。对未发病的肉鸽进行预防注射或饲喂抗生素药物，同时改善饲养管理，加强营养，以增强机体抗病能力。

（2）立即封锁疫区：发现疫情要立即封锁疫区，在发生传染病期间不许调进或调出肉鸽。大的鸽场要划定封锁区，确定隔离范围。鸽场大门和交通要道应设立关卡，严禁人员、工具、种子、饲料流通，以防病原扩散，并根据具体情况用5%～20%的漂白粉溶液消毒地面和墙壁；用3%～5%的石炭酸溶液消毒解剖尸体的场地和解剖刀及其他工具；用漂白粉和生石灰消毒污水；用70℃的热水冲洗或5%的漂白粉溶液喷洒运输病鸽的车辆；在封锁区地界应有消毒设施，可用1%～5%的来苏儿溶液洗手，并将鞋底和车辆消毒。

239. 怎样肉眼察看快速诊断鸽病?

请看表 13-1：

表 13-1　肉眼察看快速诊断鸽病简表

（1）童鸽、青年鸽

发病部位	临诊表现	可能疾病
口腔和咽喉	内部有黄白色干酪样物（白色假膜），口烂； 内部有珍珠状水泡； 内部有黄白斑点，口角有结节状小瘤； 内部有乳酪样纽扣大小肿胀	鹅口疮 鹅口疮 白喉型鸽痘 鸽毛滴虫病

发病部位	临诊表现	可能疾病
眼睛	流泪；肿胀； 眼睑内常有干酪样物； 没有神采，眼睑有结节小瘤	伤风、感冒 鸽霉形体病、传染性鼻炎、 维生素 A 缺乏症、鸽痘
鼻和鼻瘤	水样分泌物脏污	伤风、感冒、鸟疫
头颈部	头颈扭转，共济失调； 大量神经症状； 头颤抖或摇摆	副伤寒、缺维生素 B_1 症 鸽新城疫 偏头痛、鸽新城疫
嗉囊	触之硬实、肿胀； 内部胀软、胀气	鸽毛滴虫病、硬嗉病 胃肠炎、消化不良
翅膀	关节肿大	副伤寒
腿部	关节肿大、单脚站立； 腿向外伸向一边	副伤寒 腿挫伤、脱腱症
腹、脐部	肿胀	鸽毛滴虫病
肛门	肿胀、有结节状小瘤； 肿胀、出血	鸽痘 禽出败、鸽新城疫
皮肤和羽毛	结节小瘤； 啄食新生羽毛； 皮肤发紫； 皮下出血，血肿	鸽痘 食异癖、缺硫 丹毒病 中毒、维生素 K 缺乏症
骨	软骨，站立不稳	缺钙、缺维生素 D
综合症状	软弱、贫血； 瘦弱、拉血便； 生长缓慢，羽毛松乱； 拉稀； 大量鸽拉水样粪便； 拉绿色便； 呼吸困难； 呼吸啰音	体内寄生虫、副伤寒 球虫病、蛔虫病 体外寄生虫 消化不良 鸽新城疫 溃疡性肠炎 霉形体病、鸟疫 支气管炎、肺炎

（2）成年鸽

发病部位	临诊表现	可能疾病
口腔和喉部	口腔内有黄白色斑点； 上颚有针头大小灰白色坏死点	鸽痘 鸽毛滴虫病
眼睛	流泪，有黏性分泌物积聚； 单侧性流分泌物，肿胀； 眼睑肿胀	眼炎、缺维生素 A 鸟疫 伤风、感冒、传染性鼻炎
头颈部	头肿胀、小结节小瘤； 头部位不正常，头颈扭转； 头部颤抖、摇摆，共济失调	鸽痘、皮下瘤 多发性神经炎、维生素 B$_1$ 缺乏症 鸽新城疫
嗉囊	内积液，流动感； 内硬实肿胀	软嗉病、乳糜炎 硬嗉病
翅膀	关节肿胀、肿瘤； 下垂，无力飞翔； 黄色坚硬肿块； 黄色小脓疮	副伤寒 副伤寒 副伤寒 外伤、副伤寒
足部	黄色硬块； 单侧站立，关节肿胀； 产蛋时腿瘫痪； 有大小不一结节状小瘤； 肿大； 底部肿块	副伤寒 副伤寒 维生素 D 缺乏症 鸽痘 痛风 葡萄球菌感染
皮肤	皮下充气； 皮下肿瘤； 皮肤小结节； 皮下出血、血肿； 皮肤发绀； 皮肤糜烂	气肿 皮瘤 鸽痘 中毒、维生素 K 缺乏症 丹毒病 螨病、外伤

续表

发病部位	临诊表现	可能疾病
羽毛	无毛斑块； 羽毛残缺、易断； 羽毛松乱、无光泽； 羽毛脏污，粘有分泌物	螨病 外寄生虫病 内寄生虫病 鸟疫、慢性呼吸道病
肛门	周围羽毛被粪便粘污； 输卵管突出； 肿胀，排出黏液	禽霍乱、肠炎 难产症 肠炎、副伤寒
综合 症状	消瘦体弱； 精神不佳、坐立不安； 呼吸困难、张口呼吸； 呼吸困难伴有神经症状 肺有呼吸啰音； 大量饮水，不思食料； 拉稀，血便； 大量鸽拉水样稀便； 拉铜绿色、棕褐色粪便； 不生蛋； 蛋难产； 突然死亡； 大批鸽突然死亡	球虫病、副伤寒 外寄生虫病 支气管炎、鸟疫 鸽新城疫 肺炎、肺结核 内寄生虫病、热性病 痢疾、球虫 鸽新城疫 禽霍乱 卵巢瘤、副伤寒 肿瘤、腹膜炎、输卵管炎肺充血 禽出败 中毒、鸽新城疫

240. 怎样快速选择药物治疗鸽病？

请看表7-2：

表13-2　快速选择药物治疗鸽病简表

鸽病名称	病原	首选药或疫苗	次选药物或疫苗
鸽新城疫	鸽I型副粘病毒	鸽新城疫乳剂疫苗	鸡新城疫Ⅳ系疫苗、蟾毒血凝素
鸽痘	鸽痘病毒	鸽痘弱毒疫苗	鸡痘疫苗
鸽副伤寒	伤寒沙门氏菌	氟苯尼考	恩诺沙星、庆大霉素、复方敌菌净

鸽病名称	病原	首选药物或疫苗	次选药物或疫苗
霉形体病	败血霉形体	红霉素	复方泰乐霉素、鸽用蛤蟆王粉、北里霉素、利高霉素、枝原净
鸟疫	衣原体	金霉素	强力霉素、氟苯尼考、土霉素
大肠杆菌病	埃希氏大肠杆菌	头孢噻呋、庆大霉素、卡那霉素	复方敌菌净、氟苯尼考、恩诺沙星
溃疡性肠炎	鹌鹑杆菌	地美硝唑	氟苯尼考、土霉素
鸽霍乱	多杀性巴氏杆菌	复方敌菌净、强力霉素	庆大霉素、磺胺二甲基嘧啶
传染性鼻炎	嗜血杆菌	复方敌菌净、强力霉素	禽喘灵、红霉素、庆大霉素
鸽毛滴虫病	毛滴虫	口黄滴虫净	地美硝唑
球虫病	艾美球虫	地克珠利、青蒿素	青蒿素、磺胺二甲基嘧啶
鸽蛔虫病	蛔虫	盐酸左旋咪唑	畜禽虫净片、阿苯咪唑、阿维菌素
鸽体外寄生虫病	鸽虱、鸽螨、鸽虱蝇	敌百虫、阿维菌素	溴氰菊酯、双甲脒
鹅口疮	白色念珠菌	制霉菌素、克霉唑	龙胆紫、雷佛奴尔、硫酸铜
曲霉菌病	黄曲霉菌	制霉菌素、克霉唑	硫酸铜、碘酒
趾脓肿	金黄色葡萄球菌	强力霉素	红霉素
胃肠炎	肠道杆菌等多种病因	复方敌菌净	氟苯尼考、土霉素、恩诺沙星

241. 鸽场需常备什么药品及其用法?

▲消毒药品

▲▲外用消毒药物 此类药物常用于皮肤和器械的消毒；也用于黏膜、蛋及用具的消毒；还适用于洗涤污秽、坏死和有臭气的陈旧或新的创伤、溃疡发炎及作鼻炎和眼结膜炎的冲洗剂等等。具体分述如下：

酒精（乙醇）。一般微生物遇到酒精后即脱水，导致菌体蛋白质凝固而死亡。但需有一定的含量比例，以75%酒精溶液的杀菌力最强，常用于皮肤及器械消毒。

碘酊和碘甘油。2%～5%的碘酊用于皮肤和手术部位的消毒；5%的碘甘油溶液可用于黏膜的消毒。如鸽痘剥痂后涂布于其创面。具体制法为：碘化钾10克，加入蒸馏水10毫升，待溶解后，再加入碘片5克与甘油20毫升，混合溶解后，再加蒸馏水至100毫升即成。

双氧水和高锰酸钾溶液。3%的双氧水溶液，适用于洗涤污秽、坏死和有臭气的陈旧伤口；0.1%～0.5%的高锰酸钾溶液可洗创伤或腹黏膜，饮水防病。

硼酸和龙胆紫（紫药水）。2%的硼酸溶液，可作鸽的鼻炎和眼结膜的冲洗剂。1%～3%的龙胆紫溶液（即紫药水），具有较强的杀菌力，常用于治疗创伤和溃疡，适用于鸽痘剥痂后涂布于其创面。

▲▲环境消毒药物

百毒杀（双链季铵盐消毒剂）。本品是新型、强效、速效、长效、广谱、低毒的常用消毒制剂，对各种病毒、细菌及多种霉菌均有杀灭作用。水溶液无色无气味，无刺激性和腐蚀性，消毒力维持时间较长，基本不受酸碱、粪污及光热的影响。它是低浓度瞬间杀菌，一般可持续7天的杀菌能力，穿透力强，对饮水、环境、器械消毒杀菌，口服、喷雾、冲洗均安全有效（使用比例可参看其瓶签详细说明）。

消毒王和抗毒威。消毒王系高浓缩消毒剂，笼舍消毒配用比例1：3000；饮水常规防疫1：12000（详见使用说明）。抗毒威，主含二氯异氧尿酸钠（优氯净），为新型含氯广谱消毒剂，呈白色粉末，易溶于水，新配的水溶液消毒力强，约维持半天后渐弱。本品稍有氯的气味，但对人畜禽无害。配用比例1：400（详见使用说明）。以上两种消毒药均可喷洒、浸泡、饮水和种蛋消毒，对鸽舍、笼具、环境消毒以1：3000和1：400为宜；1：12000和1：4000适用于饮水消毒。

过氧乙酸。本品为无色液体，是一种廉价而效力较强的消毒剂，在较低温度下亦有相当的消毒力，并对霉菌有一定效力。用时将A、B两液混合，再配成0.2%的溶液，一般用于消毒鸽舍与槽具，也可带鸽喷雾。但本品配水后失效较快，要现配现用。

聚维酮碘。本品为络合碘溶液，含有效碘0.5%～0.7%，对各种细菌、病毒均有杀灭作用。本品稍有碘的气味，但无毒、无刺激性、无腐蚀性，水溶液性质稳定，不易失效，适用于带鸽消毒，配水浓度为1：40～1：100，可消灭体表的病毒与病菌。本品价格较高。鸽痘发生时，可用本品原液（不加水）涂于患部，每日1～2次，至结痂为止。

福尔马林（36% ~40%甲醛溶液）。5% ~10%浓度的该溶液（或加10 ~ 20倍的水）适用于鸽舍及鸽笼的消毒。但室内应在喷洒后关闭门窗，才能发挥熏蒸的作用。甲醛溶液对病毒、病菌都有很强的杀灭力。该药挥发性很强，其气体有刺激性和毒性，可将细微孔隙中的微生物杀死，故适用于熏蒸消毒，可熏蒸鸽舍、槽具等。熏蒸方法：每立方米空间用福尔马林15 ~25毫升，倒入陶盆或搪瓷盆内，加等量清水，下面用电炉加热，密封门及一切通风口，人在室外隔着玻璃观察，看到药液蒸发完时关掉电炉。也可不进行加热，每立方米空间用高锰酸钾12.5克、福尔马林25毫升、清水12.5毫升，先将高锰酸钾放在盆内，再倒进加过水的福尔马林。这时操作人员急速退出，两药相混即起化学反应。使药液蒸发充满室内而达到消毒目的。熏蒸鸽舍门窗应密闭24小时再打开，以充分发挥药效。

▲抗菌消炎药

强力抗治疗剂。也是一种新兽药，由于包装小、成本低而深受使用者欢迎。每瓶16毫升，可加水25 ~50千克，自由饮服3 ~5天；也可每瓶加注射用水稀释成250毫升，供注射用，按每千克体重肌注0.5 ~1毫升。1日1次，用于防治细菌性肠炎、腹泻以及大肠杆菌、沙门氏菌引起的各种疾患。

氟苯尼考。本品为最新的畜禽专用氯霉素类药，其强效超广谱性，对多种革兰氏阳性菌、革兰氏阴性菌及支原体等具有强效的抗菌活性，对多杀性巴氏杆菌、支原体大肠杆菌、沙门氏菌、链球菌、葡萄球菌、衣原体有很强抑杀作用，每1千克体重鸽内服30毫克。

强力霉素。用0.01% ~0.02%的强力霉素，对慢性呼吸道病有显效，其他用途与土霉素同，一般可维持24小时，不会引起肠内菌株失调，拌料或口服每只10毫克，每日1次，连喂3天，也适用于霉形体病、沙门氏菌病、葡萄球菌病、链球菌病、鸟疫等以及腹泻病的防治。

制霉菌素。每只每次10万 ~15万单位，每日2次，或0.1%拌料，连服2 ~4天，用于曲霉菌病和鹅口疮的防治。

地美硝唑。又称二甲硝咪唑，广谱抗毛滴虫和厌氧菌药，对鸽的毛滴虫病和肠炎疾病有很好的防治作用。

盐酸吗啉双胍片（病毒灵）。系抗病毒药物，每只每天1片，连服5 ~7天，对于流行感冒和鸽痘的防治，均有一定的疗效。

硫酸铜1:2000稀释溶液。代饮水，连服3 ~5天，用于鹅口疮治疗。

高锰酸钾1:3000 ~1:5000稀释溶液。代饮水，连饮2 ~4天，可防治肠道感染。

干酵母片和乳酶生。每只每次1片干酵母片，连服2 ~3天，可治疗嗉囊炎和消化不良；每只每次 1 片的乳酶生，每日 2 次，连用 2 ~ 3 天，可以治疗嗉囊炎和消化不良以及肠胃炎。

阿托品和氯磷定。阿托品肌注每次 0.1 毫升；氯磷定肌注按每千克体重 0.02 克，每日 1 ~ 2 次，可治疗有机磷农药中毒。

▲驱虫杀虫药

左旋咪唑。每片 25 毫克，每千克体重用 1 片，最好于清晨空腹时口服；必要时间隔数天重复用药 1 次。用于驱除蛔虫、异刺线虫病，效力好毒性低。

该药除驱除线虫外，还有一种功能，就是它能增强血液中巨噬细胞捕捉抗原的能力，从而增强疫苗的免疫作用。这种作用对免疫功能健全的不明显，对免疫功能有缺陷的则较为明显，因此通常正常免疫接种不需要用作增效剂。

畜禽虫净片。每只每次半片畜禽虫净片，连喂 2 次，中间相隔 12 小时，用于驱除蛔虫和治疗四射鸟圆线虫病；驱虫净则每千克体重给药 40 ~ 50 毫克，连喂 2 次，则可驱除肠道蛔虫。

硫双二氯酚（别丁）。按每千克体重内服 150 ~ 200 毫克，用于驱除肠道绦虫

▲喹诺酮类药

是 20 世纪 90 年代以来使用的新兽药之一，国内被广泛应用。其突出优点是高效、广谱、低毒、细菌不易产生耐药性，这些优越性使其迅速取代了许多抗菌素。该类药与氨苄青霉素合用可互相增效，与氯霉素类药不能合用，否则会明显减效；如已服用过氟苯尼考，宜在 48 小时之后再服用喹诺酮类药物。它不影响产蛋，不影响各种疫苗（活菌苗除外）的免疫作用；如果接种的弱毒疫苗不是无特定病原菌苗（SPF 苗），则喹诺酮类药对其中可能含有的霉形体等病原微生有杀灭作用。具体介绍如下三种：

恩诺沙星（普杀平、百菌净）。对慢性呼吸道病、大肠杆菌病及沙门氏菌病具有卓越疗效，对传染性鼻炎及霍乱亦有强效。一般用于以慢性呼吸道病为主的混合感染、比较严重的大肠杆菌与沙门氏菌病及 0 ~ 2 周龄乳鸽的鸽病保健。混饮药液浓度 0.005%，冬季 0.006%，即 5% 恩诺沙星水溶液 100 毫升配饮水 100 千克；冬季配 82 千克，全日饮服 3 ~ 5 天，乳鸽出壳后饮 5 天，停 3 天，再饮 5 天。

环丙沙星（百病清、菌必治）。作用与恩诺沙星同，效力虽然不及，但只要剂量充足也有很好的疗效。一般用于治疗慢性呼吸道病、大肠杆菌、沙门氏菌病及中轻度鼻炎，对严重鼻炎的疗效不如磺胺类药和链霉素、泰灭净和支原净联用，混饮浓度须达 0.007% 才有良效，一般包装说明用量为 0.005%，须适当加量，也就是说每 100 千克饮水应加进环丙沙星原粉 7 克连用 4 ~ 5 天。

氟哌酸。价格便宜，对细菌性下痢有良好疗效，但剂量要充足。一般 5%

氟哌酸粉每袋 50 克，实际只能拌料 10~12.5 千克，连用 4~5 天。与痢菌净联用，疗效更佳。如氟哌酸粉 9 克，20% 痢菌净 161 克，混合拌料 50 千，连用 4~5 天。主治细菌性下痢。作为乳鸽防病保健药品，可于每天 12.5 千克饲料中加 5% 氟哌酸粉 50 克，出壳后连用 7 天，停 3 天，再用 5~7 天。水溶性氟哌酸粉虽好于拌料型，但最好选用浓液剂型的产品如强力抗等。

乳酸诺氟沙星。每 50 克药，只宜配水 25 千克，连用 3~5 天，用于乳鸽防病保健，效力介于普通氟哌酸和环丙沙星之间，从 1 日龄起连饮 5 天，停 3 天，再饮 5 天。

▲头孢噻呋钠

具有广谱杀菌作用，最新超强动物专用抗生素药，对革兰氏阴性菌、革兰氏阳性菌有很强的抑杀作用，与庆大等氨基糖苷类药合用有协同作用，用于鸽的大肠杆菌、沙门氏菌疾病的防治。

242. 何谓用药配伍黄金搭档？

现在鸽病发生严重的往往都是混合感染，所以选择 1 种药治 1 个病是不够的。为了提高疗效，尽快把病治好，要选择两种以上药物巧妙搭配使用，这叫黄金搭档。现将浙江艾迪欧（中国鸽药专业生产厂家）生产的几种常用药品黄金搭档介绍如下。

黄金搭档之一：腺病毒克 + 菌治

产品特点：这两种产品均为广谱的，采用最新生物技术，分离中药有效成分，能杀灭多种病毒，抑制细菌并发感染，诱导机体干扰素生成，提高鸽子免疫力；促进胃消化液分泌，软化嗉囊，杀灭消化道致病菌，防止继发感染，收敛止痢，恢复肠胃功能；杀灭呼吸道致病菌和病毒，防治呼吸道感染性疾病；保护肝肾免受病毒、细菌损害。

用法用量：根据实际饮水，采食情况调整使用，两种产品各 1 克供 10 羽成鸽使用，参考量：本组合各一袋，对水 50 千克或拌料 25 千克，连用 3~5 天，每天 1~2 次，预防量减半。

黄金搭档之二：毛滴清 + 霉消唑

产品特点：本组合为治疗鸽子毛滴虫病和霉菌感染专用药品，科学组方，杀虫的同时防止鸽子细菌感染，修复内脏损害，护肝肾，健脾胃，达到标本兼治的功效。防治霉菌性肠道、呼吸道疾病首选药，对夏天多发的顽固性痢疾、呼吸道感染、鹅口疮等有特效，治疗真菌感染，疗效好，副作用小。

用法用量：毛滴虫要一个月清理一次，毛滴虫一般与曲霉菌并发，难以分辨，建议在清理毛滴虫的同时也做好曲霉菌的预防工作，两种产品合用效果更佳。根据实际饮水，采食情况调整使用，两种产品各 1 克供 10 羽成鸽使用，参考量：本组合各一袋，对水 50 千克或拌料 25 千克，每个月预防一次，连用 3 天，每天 1 次；治疗用 5 天。

黄金搭档之三：蛋多多 + 超级维肽 + 含硒 E 微量元素

产品特点：本组合专为种鸽研制，添加了多种增蛋成分，对种鸽多种原因导致的产蛋下降、无精蛋、死胚蛋等有特效，能增强种鸽生殖功能，提高产蛋率、延长产蛋期、增加蛋重、改善蛋品质、减少无精蛋、死胚蛋。同时针对肉鸽生理特性设计的肽类氨基酸、维生素、微量元素以及各种矿物质的最佳配比产品，经过特殊工艺肽合而成，能够全面均衡鸽子所需要的各种营养，有效调节机体各器官的新陈代谢和体液电解质补充，促进生长发育和产蛋，提高抗病、抗应激能力，长期应用本品可增强鸽体的免疫力，减少疾病的发生，缩短疾病的恢复期；对提高稚鸽的成活率、蛋鸽的产蛋率均有显著效果。

用法用量：蛋多多、超级维肽各 200 克对水 300 千克或拌料 150 千克，每个月穿插使用 12 ~ 15 天；含硒 E 微量元素可长期使用，打入颗粒料中、拌料均可。

黄金搭档之四：菌毒必康 + 百毒清

产品特点：本组合对病毒复制的各个阶段均有较好的抑制、干扰作用，能有效抑制病原体复制，解热退烧镇痛、迅速缓解症状，从而产生迅速杀毒、排毒的作用；同时诱导机体干扰素生成，增强免疫细胞的生理活性，调节机体免疫功能，有效提高鸽子免疫力和抗病能力，防止继发感染，收敛止痢，恢复肠胃功能、增加采食量。不仅能快速彻底杀灭 18 种病毒科病毒，如新城疫、鸽痘、传染性支气管炎等，并且对多种细菌有抑制效果。尤其对鸽痘的控制效果最佳，作用持久，无刺激，对器具无任何腐蚀作用，长期使用无耐药性产生。

用法用量：菌毒必康参考量：对水 50 千克或拌料 25 千克，每日 2 次，连用 3 ~ 5 日，宜根据实际饮水，采食情况调整使用。预防减半，幼鸽酌减。百毒清参考量：1. 每袋本品对水 5 ~ 10 千克，用于成鸽喷嘴。对水 50 千克用于乳鸽喷嘴。2. 对水 10 千克用于笼具，器具等浸泡消毒。3. 对水 50 千克用于饮用水消毒。

黄金搭档之五：啄羽灵 + 鸽螨灵

产品特点：绝大多数鸽子啄羽是由部分营养物质缺乏引起，本组合含有多种含硫氨基酸、微量元素、电解质等，能彻底改善啄羽症鸽子营养状况，防治啄羽，增强鸽子免疫力

用法用量：啄羽灵参考量：每袋本品对水 300 千克左右或拌料 150 千克左右，供 3000 羽成鸽使用 1 天。症状消失后可以三分之一的量预防 3 ~ 5 天，幼鸽酌减。鸽螨灵参考量：用水稀释 300 倍笼内喷洒，重症用本品 300 倍稀释液洗涤。

采购其他厂家药品的在实际应用中也要尽量寻求黄金搭档组合。

243. 在一个地区发生的鸽病中如何区分哪些需要重点防控？哪些需要及时治疗？

鸽病种类很多，但实际发病很少。在一个地区要根据当地鸽病发生流行情况，选择 5 个病重点防控，5 个病及时防治，鸽场的发病损失率就可以降到 1.5% 以下。下面以广西地区 2011 年上半年为例，简要介绍。

（1）发病损失排在前 5 位的鸽病要重点防控。按发病率与损失率从高到低顺序：鸽新城疫，毛滴虫病，鸽痘，鸽副伤寒，禽霍乱。

（2）鸽场反复发生的 5 个病要引起足够重视，就单个病而言，鹅口疮、慢性喉气管炎、嗉囊炎、鸽黄曲霉毒素中毒、鸽消瘦等 5 个病，对鸽场造成的损失没有前面 5 个病那么严重。但是它们在鸽场反复发生。小损失相加变成大损失。对这些病也要引起足够重视。所以，只要因地制宜选择抓好 10 个鸽病防治要点就够了。

（3）鸽病的发生发展是动态的。鸽病防控重点不同的地区有不同的选择，同一个地区鸽病重点排序每年都在调整。所以，对其他鸽病防治也要有所了解。

244. 鸽新城疫是什么病？

鸽新城疫是鸽 I 型副粘病毒感染引起的烈性传染病。

该病目前已经成为鸽子头号疾病，它曾引起了 20 世纪 80 年代世界第 3 次新城疫的大暴发。该病于 1985 年传入传入我国香港，同年底传入大陆，迄今已扩散到我国大多数省市，并随着养鸽业的发展而愈演愈烈。从我国病鸽中分离到的鸽新城疫病毒大部分属于基因 VI 型，其他有基因 II 型、III 型和 VII 型等，大多数与鸡新城疫病毒流行的基因型是不同的，不过也有部分是相同的。该病流行期长，鸽群常突然发病，并迅速蔓延，具有发病快、发病率和死亡率高的特点。病死率一般为 30% ~ 80%，严重时，死亡率可达 95% 以上。本病对养鸽业威胁巨大。临床以神经症状和拉绿色稀粪为特征，剖检病变以腺胃乳头和肌胃出血、肠道出血和溃疡以及脑组织充血和出血为特征。

245. 怎样防治鸽新城疫？

【病原及流行特点】

鸽新城疫是病毒性传染病，以肠炎腹泻和脑脊髓炎为主要特征。本病多呈地方性流行，发病率和死亡率高，但不是成批迅速死亡，而是每天小批不断病死。有些地方发病成鸽无明显症状，只引起乳鸽大批死亡。

【症状】

本病潜伏期一般长达 4 周。病鸽最突出的临床表现是腹泻下痢和神经症状。病鸽普遍拉黄绿色水样稀粪，且渴欲增加。神经症状主要表现为阵发性痉挛、震颤、头颈扭曲或颈部僵直，头向后仰。部分病鸽常见一侧或两侧腿、翅麻痹，翼下垂，最后往往全身瘫痪死亡。此外，病鸽精神欠佳，羽毛松乱，无性欲。部分病鸽有眼结膜炎或眼球炎，鼻有分泌物，呼吸困难。最后不能飞起，虚弱衰竭而死。多在发病后1周内死亡。不死者需1个月或更长的时间才能康复。而跛行、翅下垂和头颈扭曲是常见的后遗症。

本病要注意与鸽副伤寒相区别。副伤寒也表现下痢和神经症状，但有关节肿大病例，发病、死亡没有本病严重，用头孢噻呋和庆大霉素可以治疗，而且可以从病料中分离到沙门氏菌。

【防治方法】

（1）一般性预防：

①不从病场引入种鸽。必须引入种鸽时应隔离检疫1个月以上才能合群。

②尽量不让外来人员和畜禽、野鸟等进入鸽场内。搞好清洁卫生和定期消毒。

③发生本病时，应向当地兽医部门报告，并采取紧急措施：隔离、消毒、封锁；病死鸽焚烧或深埋。病区严禁出售种鸽和引入种鸽。

④留种鸽在1月龄左右接种鸽Ⅰ型副粘病毒油佐剂灭活苗，每只注射0.2毫升，4～5月时再进行1次加强免疫，每只剂量为0.5毫升。

（2）紧急接种控制疫病流行：近年来，随着养鸽数量增加，在我国南方一些地区曾爆发鸽新城疫，可采取两种方法紧急接种，第一种方法为：用鸡新城疫Ⅳ型苗点眼。第二种方法为：紧急接种自制灭活组织疫苗。自家灭活疫苗的具体制作、使用方法是：由当地市级兽医站实验室采取本地区的典型病料组织（即病死鸽的脑、肾、脾、肝等脏器），用电动捣碎机充分捣碎，加5倍量生理盐水稀释后过滤，再加入0.2%～0.4%的福尔马林，置于30℃左右恒温箱中灭活24小时以上，期间每间隔2～3小时充分摇动1次，经无菌检查和安全检查合格后装瓶、封口即可使用。每只鸽肌肉注射1毫升。注射后半个月疫情被明显控制，20多天后鸽场发病停止。

（3）采用"蟾毒血凝素"＋"瘟疫康散"对症防治鸽新城疫，亦有较好的效果。

246. 病毒性传染病是否可用药物治疗？

对病毒性传染病的治疗应当有一个重新认识。由于科学技术的进步，病毒干扰素发现与运用，鸽新城疫等病毒性传染病是可治的。只要及早发现，早期用药，大部分病毒性传染鸽是可治好的。

247. 怎样防治鸽毛滴虫病?

是鸽最常见的寄生虫病。由鸽毛滴虫寄生在鸽消化道上段的原虫病,经接触性感染。最常见的特征是口腔和咽喉黏膜形成粗糙纽扣状的黄色沉着物。目前大约20%的野鸽和60%以上的家鸽都是毛滴虫的带虫者。这些鸽子不表现明显的临床症状,但能不断地感染新鸽群,这样就使得本病在鸽群中连绵不断。该病在生产中虽无致命打击,但因其发病机会多,缺乏特效治疗药物,且难以根除,从而成为困扰养鸽业的顽疾。

本病是由鸽毛滴虫寄生在鸽上消化道而引起的一种原生虫病,其特征是在咽喉黏膜呈明显的纽扣状的黄色干酪样坏死物,俗称"口癀病"。

【病原及传播途径】

为一种可寄生于鸽上消化道的原虫——毛滴虫。本病主要是接触性感染。带仔的产鸽很容易通过哺喂传给乳鸽。此外,被污染的饲料和饮水也会带来感染。

【症状及病变】

成鸽多为带虫者,无明显的临诊症状,乳鸽、童鸽感染毛滴虫后,羽毛松乱,食欲减退,饮欲增强,消化紊乱,腹泻和消瘦。口腔的分泌物增多且呈浅黄色黏稠,在咽喉黏膜呈现明显的纽扣状的黄色干酪样坏死物。严重感染的幼鸽会很快消瘦,4~8天内死亡。

【防治】

(1) 预防措施

①定期抽取鸽子的口腔黏液进行镜检,把带虫和患病的鸽子从群体中隔离出来进行治疗,并进行全群性的投药预防。

②对新购进的种鸽,应严格检查,发现有患病时要治愈后才能合群。

③平时应注意饲料、饮水和周围环境的卫生,勤换垫片。乳鸽笼后,应及时清洗消毒巢盆及垫片等。

(2) 治疗常用如下药物

①口黄滴虫净,对水或拌料,连用3~5天。

②地美硝唑,拌料,连用3~5天。

(3) 点评

①毛滴虫病有多种方法治疗,经过筛选,以上两方为好。用药后出现无精蛋增多现象较少。

②后备种鸽离地网养和上笼前驱虫,是减少种鸽在生产乳鸽过程中毛滴虫病发生的最有效措施。

③成年种鸽大多是毛滴虫的携带者,一般发现乳鸽患毛滴虫病死亡,才给

经产种鸽驱虫，这时用药已经晚了。所以，掌握好驱虫时间很重要。

④在湿热和通风不良的情况下，乳鸽易出现毛滴虫病与细菌性胃肠炎并发的现象，较严重的出现乳鸽屙稀粪和发烧。在这种情况下许多兽医没有意识到毛滴虫病的存在，而将它当一般性细菌性胃肠炎进行治疗，结果出现 2 ~ 3 天内病鸽有所好转然后却每况愈下的情况。因此，在出现乳鸽屙稀粪或发烧时，防治细菌性胃肠炎与防治鸽毛滴虫病要联合用药。

248. 怎样防治鸽痘？

是目前农村养鸽发病率较高的一种常见传染病。该病生产上比较多见，常有皮肤型和黏膜型 2 种类型。临床上皮肤型较为多见，常发生于有蚊子的季节；黏膜型较少，一年四季都可发生。本病传播慢，一般死亡率不高。其特征是体表无羽毛部位皮肤出现散在的、结节状的痘痂（皮肤型），或上呼吸道、嘴角、口腔、咽喉和食道黏膜出现形成一层黄白色干酪样伪膜（黏膜型，又称白喉型），因而影响运动、吞咽、呼吸，极易造成患病鸽因饥饿或窒息而死亡，不死的因卖相不好而影响销售。

【病原及流行特点】

本病由鸽痘病毒引起，主要是通过皮肤或黏膜的伤口侵入鸽体内，蚊子是主要传染媒介。

【症状】

在没有羽毛生长的皮肤上形成痘痂，常见于眼的周围、嘴角、脚和腿部、肛门等部位。在喉和喙部生痘疮，嘴有恶臭气味，并长有不易剥落的聚积物。鸽痘分为皮肤型、白喉型和混合型。

【防治方法】

本病拟采取综合防治措施：防止蚊子叮咬乳鸽即可不发病。

（1）平时做好鸽舍的消毒，清除鸽舍周边灌木杂草和污水。

（2）在鸽舍内安装电子灭蚊灯。

（3）采用"鸽螨灵"喷洒在鸽子的体表＋"法宝"饮水，对预防和治疗鸽痘效果显著。

（4）山芝麻、鱼腥草、一点红各 500 克，加水 2500 克，煮至浓缩一半，再对水 5 倍，让鸽自由饮用，可预防鸽群发病。药液对水 2 倍，每只口服 1 毫升，同时用原液涂患部，每天 3 ~ 4 次，可治愈病鸽。

（5）用竹片挑去痘痂，然后涂上食盐或碘甘油，或用中草药叶下珠加盐捶敷。

249. 怎样防治鸽副伤寒（又称沙门氏菌病）？

绝大多数由鼠伤寒沙门氏菌哥本哈根变种引起。据调查，江苏省鸽群阳性率只有10%左右，情况比鸡好得多，不算严重。但我国肉鸽品种繁杂，缺乏对种鸽沙门氏菌的净化措施，从而使该病自由扩散。该病因涉及食品安全问题，是人畜共患病，必须引起高度重视。美国2010年7月份召回5.5亿枚鸡蛋，1枚鸡蛋按5毛钱人民币计算，就是2.75亿元，这是一笔不小的损失，可见其影之大。

【病原及流行特点】

病原体是鼠伤寒沙门氏杆菌。呈急性死亡的病鸽一般没有明显的症状，有的可见嗉囊充满食物，死鸽肌肉丰满，没有消瘦。非急性死亡鸽腹部膨胀，呈典型腹泻，排出灰绿色恶臭粪便，中间为未消化食物，周围是泡沫状黏液和水，鸽迅速消瘦，一般在7~10天内死亡。乳鸽感染急，死亡快。多发生于幼年鸽，对青年鸽或成年鸽危害较小。

【防治方法】

（1）隔离病鸽，消毒鸽场，改善饲养管理。

（2）全群鸽用0.01%盐酸环丙沙星饮水投服，病鸽按10毫克/千克的环丙少星注射液肌肉注射，1天2次，连用3天，1周后恢复正常。

（3）用牛郎牌"杆菌特治"饮水拌料，3~5天见效。

【用药注意】沙门氏菌对环丙沙星、恩诺沙星敏感，对庆大霉素不敏感。

250. 怎样防治鸽禽霍乱（又称鸽巴氏杆菌病、禽出败）？

【病原及流行特点】

由多杀性巴氏杆菌引起。本病主要特征是来势急，病情重，死亡快。所有鸽场都可发生，童鸽和成年鸽多发病。一年四季都可发生，但以夏末秋初炎热天气发生较多。

【病状】

患鸽体温升高、食欲减退、精神沉郁、闭目缩颈、饮水频繁、下痢、口中流出黄色油脂状黏液。心肌有出血点、肝肿大、块状坏死。

【防治方法】

方1："霍乱严温清"按0.1%饮水或拌料，连用3~5天；

方2：中药蒜、硫、油合剂：大蒜3份，花生油2份，硫黄1份，捣碎混合，每只鸽灌服黄豆大1粒，日服2次，连喂1~2天。

251. 养鸽是否需要打禽出败防疫针？

一般不打禽出败防疫针。实践证明，鸽打禽出败疫苗效果不如口服敌菌净片好。新引进种鸽口服1片敌菌净片，观察1~2星期才合群，可达到预防禽出败的目的。

252. 家庭养鸡发生禽出败已传染给鸽怎么办?

鸡发生禽出败已感染鸽时,鸡舍鸽笼都要用生石灰、烧碱或百毒杀彻底消毒。同时用下列药物预防和治疗。

(1) 还未发病的鸽全部灌服敌菌净片,每次 1 片,日服 2 次,连服 3 天。

(2) 隔离出来的病鸽,除服敌菌净外再用 20% 磺胺嘧啶钠注射液肌肉注射,每只 1 毫升,1 天 1 次,连注射 3 天。

(3) 给病鸡,病鸽都投喂蒜硫油合剂:硫黄 1 份,花生油 2 份,大蒜 3 份。捣碎拌和。鸽喂黄豆大 1 粒,日服 2 次连喂 2 天。

253. 怎样防治鸽鹅口疮?

鹅口疮俗称生黄,又叫念珠菌感染病。

【病原及流行特点】

病原体是一种霉菌,由消化器官的丝状霉菌体引起。病鸽的消化道、粪便里都有这种霉菌。鸽舍潮湿、食物发霉、饲料不清洁带有病原菌等都是致病的原因。饲喂小麦较多,时间过长也会引起此病。本病多为慢性,且易传染。

【症状】

口腔、咽喉部、食道和嗉囊的黏膜有白色假膜生成和溃疡,嘴角附近生有黄色坚硬异物。发病初期肉鸽的口腔、咽喉部有白点,继而口腔糜烂,口中流出胶状唾液,味酸臭。随着病情发展,逐渐蔓延到食道、嗉囊和腺胃。病鸽精神萎靡,不思饮食,拉稀粪,羽毛粗乱,严重时可导致死亡。

【剖检】

剖检可见嗉囊有白色圆形突起的溃疡及易于脱落的腐烂物,口内及食道部有溃疡,脾胃肿大,黏膜出血,肌胃有烂斑等。

【防治方法】

(1) 根除致病因素,平时搞好清洁卫生,不喂发霉变质饲料,以小麦为主食时要注意搭配其他杂粮,存放较久的小麦喂前应翻晒或用 3% 的石灰水上清液漂洗。

(2) "制霉舒" + "呼喘康" 拌料,直到病灶消失。

(3) 病后出现黄色结痂时,用镊子或刀片将结痂剔出,然后擦上碘甘油(2% 的碘酒和甘油按 1:1 混合而成)或云南白药或花椒油。同时,在饮水中加入 0.05% 的硫酸铜(1000 毫升水加入 0.5 克),让肉鸽自饮。治疗期间配合内服制霉舒(按说明书使用),每天 2 次,直到病灶消失。

(4) 若通过解剖发现病灶在食道或嗉囊中,可用 2% 的硼酸溶液消毒,然后服用牛郎牌"制霉舒"。

254. 怎样防治鸽慢性喉气管炎?

【病因】

天气变化;受寒遭雨淋或者吸进带有刺激性灰尘;毛滴虫病和鹅口疮的并发症与继发症;氨气、硫化氢和浓烟等侵害刺激,都会诱发鸽慢性喉气管炎的发生。

【症状】

病鸽先为干咳,后为湿咳,轻者呼吸次数增加,重者呼吸困难,有啰音,有的流鼻涕。患鸽常伸颈张口吸气,如蔓延到肺部可引起支气管肺炎;此时病鸽体温升高,张口呼吸,往往会引起窒息而死。

【防治方法】

(1)先用"鸽用蛤蟆王粉"再用"瘟疫康散"+"高浓鱼肝油"+"呼喘康",按说明使用。

(2)预防主要是做好防寒保暖工作,保持鸽舍内通风透气,阳光充足,避免有害气体侵害。

255. 怎样防治鸽嗉囊炎疾病?

嗉囊炎包括硬嗉病(又称积食)和软嗉病。硬嗉病是鸽吃了变质的或不易消化的食物,使食物积塞在嗉囊内而引起;软嗉病是鸽采食腐败变质饲料或饮污水引起。

(1)软嗉病

【病因】

本病是亲鸽在育雏期间,因乳鸽死亡不能哺乳引起,或因误食毒物损伤嗉囊所致。

【症状】

嗉囊内充满乳糜,或充满有臭味的酸液。

【防治方法】

①老鸽在育雏期间,若是遇到乳鸽突然死亡,应及时把饲料供应量减下来。

②对发生嗉囊炎的病鸽可用2%的硼酸水洗嗉囊。具体做法是:将2克硼酸溶于100毫升冷开水中配制成硼酸水,然后将1根探针卷上药棉球(要卷紧,以免脱落),蘸上硼酸水从鸽口中插入嗉囊进行洗涤,洗后让鸽停食1天,并肌肉注射维生素B_{12}2毫升(1毫克)。1天后再用温开水浸软的糙米或其他易消化的饲料喂肉鸽。要是洗涤不慎,将药棉掉在嗉囊内,应及时开刀取出,然后缝合好,再喂云南白药0.1克。

（2）嗉囊积食（硬嗉病）

【病因】

本病因饲料配合不当，或在肉鸽过度饥饿时喂食过多，导致饲料充积嗉囊所致。新买进的肉鸽，往往由于卖主强行填喂过多的饲料而造成积食。

【症状】

嗉囊因充满食物而变大变硬，口中有臭气。

【防治方法】

平时常给肉鸽灌服酵母片1～2片，以助消化，注意不要在饥饿时喂食过量。

治疗病鸽可选用：

①在积食初期喂酵母片1～2片，帮助消化。

②严重积食，开刀将嗉囊内食物挤出后，缝好敷上云南白药粉或其他消炎药物，同时喂服"蛤蟆王片"半片，每天2次，连服3天。

③轻度积食，可灌服2%的苏打水或2%的盐水，促使病鸽呕出食物。吐完后，喂维生素 B_6 半片至1片止吐。

256. 怎样防治鸽黄曲霉毒素中毒？

【病因】

玉米、大米、小麦、花生、黄豆等保管不善，引起回潮发霉，或是存放过久，都易生长黄曲霉菌，其代谢产物黄曲霉毒素是一种剧毒物质并有致癌作用。肉鸽长期吃含有黄曲霉毒素的饲料，会引起中毒，是我国南方省区鸽的多发病。

【症状】

慢性中毒肉鸽食欲不振，下痢，体弱贫血，慢慢干瘦而死亡；急性中毒肉鸽不吃饲料，常饮水，粪便稀褐色或绿色，几天内死亡。

【剖检】

剖检看见肝肿大2～3倍，颜色变淡，肝质硬化，有腹水。慢性中毒、病程拖得长的会出现肝癌结节、胃肠充血或出血。

【防治方法】

黄曲霉毒素中毒采用药物治疗效果不大，主要从改善饲料人手：

（1）不喂发霉变质或存放多年的饲料。

（2）饲料要经常翻晒，除去霉菌。

（3）玉米、豆类、小麦等颗粒饲料喂前用3%的石灰水上清液（或 EM 原露对水10倍）浸泡30分钟，捞出晾干再喂。

（4）饲料添加"制霉舒"或喷洒 EM 除去霉菌。

（5）发现肉鸽中毒，立即停喂原有饲料，同时，灌喂 EM 原露解毒，每次 2 毫升，1 日 2 次，直到粪便恢复正常、病鸽康复为止。

257. 怎样防治鸽消瘦病（又称"干肿"）？

【病因】

鸽吃了发霉变质的饲料或饮了污水所致，或由链球菌感染引起。

【症状】

病鸽排泄稀便，身体迅速消瘦，病情严重时，腹部肝脏肿大明显，呼吸急促，气喘。

【防治】

采用"鸽用蛤蟆王粉"及"绿维肽"饮水。

258. 怎样防治鸽鸟疫（衣原体病）？

【病原及流行特点】

本病由鹦鹉衣原体引起，通过病鸽的排泄物或鸽虱等吸血昆虫传染。

【症状】

乳鸽与成鸽的表现不同。乳鸽患鸟疫有腹泻、不思饮食、精神不振、体形消瘦等症，同时多并发一侧性眼炎、鼻炎，眼、鼻流出大量黏液，呼吸不通畅，胸肌呈蓝紫色，急性病鸽身体虚弱，往往在治疗过程中就死亡。成鸽患病初期症状不明显，严重时会突然死亡，成鸽患此病转为慢性时，症状与幼鸽相似。

【剖检】

剖检可见肺炎，肝脾肿大，肝脏出血或有针头大的白色坏死点。脾脏深红色或紫色。肾、肠、心包、浆膜等均有炎症，气囊覆盖有干酪样纤维蛋白渗出物。

【防治方法】

（1）病鸽可用强力霉素肌注或口服，每只 5~8 万单位，每天 1 次，连用 5 天；

（2）鸽群流行本病时，可选用金霉素、氟苯尼考、强力霉素、土霉素、红霉素拌料，连续 2 个疗程，每个疗程 5 天，中间停 2 天；

（3）鸽群混合感染霉形体病时，可用泰乐菌素 0.8 克/升，饮水 3 天；

（4）本病多由于吸入病鸽的干燥排泄物而感染，要经常做好消毒工作，处理好排泄物，一旦发现该病后，应封锁鸽舍，加强饲养管理，进行全面的清洁消毒工作，严禁无关人员进入鸽舍或参观，本病为人畜共患病，有该病发生的鸽场，场内人员应做好防护工作，可服少量的抗生素，以防感染。

259. 鸽腺病毒感染的病原有哪些特性？

鸽腺病毒感染的病原是腺病毒，由于该病毒首次是从腺体组织中分离获得的，它又经常驻存在腺体组织细胞内，因而命名为腺病毒。

在自然界腺病毒的抵抗力较强，对酸和热的抵抗力较强，它能抗酸而通过腺胃不被杀灭仍保持活性，在室温下可保持活性达6个月之久，在4℃可存活70天，在50℃10~20分钟、56℃2.5~5.0分钟死亡。

260. 鸽腺病毒感染有哪些临床症状？

正常寄生于鸽子体内，呈隐性感染，很少发病。腺病毒感染发病往往表现嗉囊炎和嗉囊积食，特征是上吐下泻。

鸽子感染腺病毒的两个临床特征目前已经被证实。这些腺病毒被命名为Ⅰ群腺病毒（又称典型腺病毒）和Ⅱ群腺病毒（又称坏死性肝炎病毒）。Ⅰ群腺病毒主要感染12月龄以内的鸽子，主要是3~5月龄。临床可见呕吐、水样腹泻及体重下降等。疾病传播很快，数天后，鸽棚内的鸽子就有可能全群感染。发病率通常达到100%，而死亡率通常较低，一般只有2%~3%。除非有大肠杆菌病等并发感染才会引起死亡率升高。没有混合感染的鸽子大约2周就可康复。Ⅱ群腺病毒可感染10天至6岁以内的任何日龄鸽子。一般很少见有临床症状，被感染的鸽子通常在24~48小时内死亡。偶有报道，感染的鸽子出现呕吐和口角有黄色水样物滴出。Ⅱ群腺病毒病持续感染的时间比较长，可达6~8周，不断有新的零星病例发生，死亡率有30%~70%，严重时甚至可达到100%。曾有报道，鸽子感染Ⅱ群腺病毒后，鸽棚里的一些鸽子很快出现死亡，而另一部分鸽子却安然无恙。

261. 如何防治鸽腺病毒感染？

腺病毒往往呈隐性感染，只有受应激等因素造成免疫力下降时才会发病。只要加强饲养管理，满足鸽子的营养需要，做好卫生消毒工作，减少各项应激，提高自身抵抗力，一般可预防本病。因此没有用疫苗进行免疫的必要。据国外研究报道，鸡产蛋下降综合征油乳剂灭活疫苗在鸽子上已经被试用，对鸽腺病毒感染有一定的交叉保护作用。

发生鸽腺病毒感染后，应及时采取抗病毒、补充电解质、控制饮食等综合性治疗措施，及时注意治疗并发或继发性感染，一般治疗效果比较好，治愈后不易复发。

（1）抗病毒。可选用利巴韦林清眼剂直接滴患病鸽眼、鼻、咽喉等黏膜，使抗病毒药能直接通过黏膜迅速被吸收，达到有效抑毒作用，从而明显地减轻临床症状，有效地缩短病程，减少死亡率。使用抗病毒药包括中草药混饲或饮水，效果也比较好。利巴韦林混饲，每吨饲料加入 100～200 克；混饮，每升水加入 50～100 毫克。盐酸吗啉胍混饲，每吨饲料加入 500 克；混饮，每升水加入 250 毫克。积黄连混饮，每升水加入 60～120 毫克。腺病毒克混饲，每吨饲料加入 100～200 克；混饮，每升水加入 50～100 毫克。

（2）控制继发性感染。大多数鸽发生腺病毒感染时会继发性感染，常见的继发性感染有沙门氏菌、大肠杆菌、毛滴虫、球虫等，有针对性地选择抗生素或抗虫药，可控制继发感染，降低死亡率。

（3）补充电解质。由于患病鸽上吐下泻，所以补充电解质十分重要。可补充多维电解质。混饲，每吨饲料加入 50～100 克；混饮，每升水加入 25～50 毫克。

（4）饮食控制。此时的掌握原则是"食消供饲"，即等到嗉囊内的食物消化后再供饲，继续饲喂，食物会滞留在嗉囊内，加重嗉囊的负担，易引起酸中毒、嗉囊炎、嗉囊积食。此外，应让病鸽得到充分休息，适当降低光照有利于病鸽体能的康复，嗉囊积食时可口服一些促进消化的药物如药用酵母、啤酒酵母等。

262. 怎样防治鸽流行性感冒？

据北京农科院对鸽子进行 H5 亚型禽流感攻毒试验，发现鸽子仅带毒和排毒，不发病，其研究结论认为鸽子可感染 H5 亚型禽流感但不表现临床症状。据对江苏省鸽群进行 H5 亚型和 H9 亚型禽流感血清学调查，结果都没有检测到相应的抗体。但广东报道了鸽子感染 H9 亚型低致病性禽流感表现临床症状的病例。因鸽上呼吸道上皮细胞表面的流感病毒结合受体与人的流感病毒结合受体是相同的，理论上讲一旦鸽子被禽流感病毒突破而感染暴发时，将对人类产生极大的威胁，所以对鸽子禽流感的防疫工作不能掉以轻心。

【病原及流行特点】

本病由家禽流感病毒感染或突然受寒引起，病鸽互相传染快，发病率高，有时呈突发性流行，对鸽群危害较大。

【症状】

病鸽食欲不振，呼吸急促，鼻中流出大量分泌液，鼻瘤失去原来的色泽，两眼肿胀，并流出胶状分泌液，体形消瘦。

【防治方法】

做好防寒保暖工作，同时应及时隔离病鸽并治疗，用"蛤蟆王片"，每次口服 1/2 片，连服 3 天。群体用蟾毒血凝素＋蛤蟆王粉。

263. 怎样防治鸽胃肠炎？

此病是肉鸽经常发生的一种消化道疾病，尤以幼鸽和青年鸽易患。

【病因】

饮水不卫生或饮水器被粪便和病原微生物污染；肉鸽食了变质腐败或被鸽粪污染过的饲料，或喂给陈旧、发霉、生虫的豆类；饲料配合不当，或经常变换，使肉鸽胃肠不能适应；鸽舍卫生不良，阴暗潮湿，肉鸽缺乏运动；天气突然变化，肉鸽抵抗力降低。肠道中大肠杆菌增生。

【症状】

病鸽腹泻，轻者拉白色或绿色的稀粪，重者稀粪变成黏性墨绿色，或带有白色黏液。如果是出血性肠炎，粪便呈红褐色，含有带血黏液。如果粪便呈黑色，则是胃或小肠前段出血。病鸽肛门周围的羽毛被稀粪所污染。如果是胃肠综合性炎症，除上述肠炎症状外。尚有嗉囊积食、不食和呕吐等表现，病情比单纯性肠炎严重。幼鸽发病往往比成鸽严重。

【剖检】

可看到腺胃黏膜充血、出血或溃疡，肌胃角膜容易剥离，肠道肿大，呈白色，严重时呈黑褐色，十二指肠有炎症或有充血、出血和坏死状，大肠有出血点，内容物呈浅绿色，有臭味。下层充血或有出血斑点，角质层和黏膜下层有溃疡和坏死。

【防治方法】

平时要细心饲喂，注意饲料搭配及饲料品质和饮水卫生。亲鸽发病后要同时对其哺乳的雏鸽采用药物预防，给病鸽喂易消化的饲料和盐水，治疗可饮用"杆菌特治"溶液。

264. 怎样防治鸽眼结膜炎?

【病因】

本病常发生于肉鸽换羽期，发病原因是方面的，人为因素主要是青年鸽网养密度过大，造成尘埃、杂物等进入眼内；眼寄生虫（线虫）直接刺激或继发感染；病原微生物侵入眼睛；维生素 A 缺乏等。

【症状】

大、小鸽均可发生，但以幼鸽发病较多，常发生眼睛一侧。病初眼圈湿润，眼睑肿胀。结膜充血潮红，流泪水。随着病情发展，眼分泌物变成黏性脓状，将眼睛黏封住。病鸽常将患眼贴在肩、背羽毛上揩擦，或用脚趾抓患眼。病重者翻开眼睑可见黄白色块状分泌物。个别会引起角膜溃疡、穿孔而失明。

【防治方法】

先查明病因，采取相应的防治措施，若是尘土杂物引起，应改善鸽舍内外的环境卫生条件，降低网养密度；若是眼线虫引起，应小心除虫；若是缺乏维生素 A 引起，应喂给富含维生素 A 的黄玉米、胡萝卜等。治疗可选用：

①病鸽用1%的盐水或2%的硼酸水洗眼，并清除眼内的分泌物，再滴氯霉素眼药水或鼻眼净药水，每天2次，同时口服鱼肝油丸1粒。

②中草药疗法：路边菊（野菊花）、千里光、狗肝菜各100~150克，煮水洗眼，同时让鸽饮用。

265. 许多资料介绍治疗鸽病用金霉素较好，但金霉素已属处理禁用药品，可用什么药代替？

可用氯霉素和红霉素代替。一般氯霉素作兑饮水，预防用量：每1支兑水1000毫升，治疗用量：每2支兑水1000毫升。红霉素每次服1粒，同服2次，连服3~5天。

266. 鸽呼吸困难、咳嗽不止怎么办？

用消咳喘每次1片或咳必清，每次半片。每日2次连服3天。如伴有脚冷体温升高，则同时注射青霉素2~3万单位，链霉素3~4万单位，每天2~3次。

267. 鸽长期呼吸困难、喘气是什么病？用什么药治疗？

引起呼吸困难的疫病很多，需要先查明原因，才能对症下药。如为单纯性肺炎、喉气管炎，应用青霉素和链霉素交叉注射治疗。如果是鸟疫，应用红霉素，氯霉素，青霉素治疗，如果是由饲料发霉而引起曲霉病，应用庆大霉素注射注疗。

268. 鸽拉白屎和水泻用什么药治疗？

多种病可以引起鸽拉白屎和水泻。如果是细菌性感染的水泻则伴有脚冷，体温高，可用敌菌净、氯霉素、红霉素等治疗，如果是一般消化不良而引起的水泻，脚不冷，体温不高，则可用磺胺类药物、土霉素、酵母片、或者大蒜头浸酸醋等药治疗。

269. 整群鸽颈缩、毛松、脚冷，开始拉粪清水样，以后粪便逐步由白转绿，嘴流出黏液性口水，先后用土霉素、四环素、氯霉素、酵母片治疗无效，是什么病？怎样治疗？

根据上述症状，可以初步诊断为慢性鸽出血性败血症。用敌菌净治疗，每次服1片，每日服2~3次，一般用药2~3天都可治好。

270. 种鸽体温高、积食、拉白屎，用土霉素，痢特灵、穿心莲和山楂片治疗无效怎么办？

种鸽有病，要弄清病因，对症治疗。体温高、脚冷的可用红霉素或敌菌净，每次服1粒，1日2次，也可以注射青霉素2~3万单位（20万单位一瓶的七分之一）。轻度积食可喂酵母片，严重积食要开刀，切开嗉囊，将食物取出。然后按外伤治疗，拉白屎可喂酸醋浸大蒜，也可土霉素、酵母片合用。

271. 鸽发病先是拉稀水，后拉青绿色便，同时伴有毛松、脚冷，传染很快，这是什么病？怎样治疗？

引起拉稀的传染病很多，但伴有毛松、脚冷、传染快等特征，可以初步诊断为禽出血性败血症，可用敌菌净治疗。每次 1 片，每天 2～3 次，连续用药 3 天。

272. 鸽顽固性下痢，用土霉素、四环素治疗无效，怎么办？

可选用下列药物之一治疗：①灌服米醋浸大蒜：大蒜 1 片捣碎浸于 1 毫升米醋中，一次灌服。日服两次，连服 3 天。②灌服敌菌净，每次服 1 片，日服 3 次，连服 2 天。同时给鸽群饮大蒜水，将 3～6 片大蒜捣碎，用纱布包好，浸入 500 毫升冷开水中供鸽饮用。并要注意鸽舍清洁，饲料新鲜。

273. 一月龄乳鸽停食两天就死是什么原因？

一月龄乳鸽刚离窝独立生活，抗病力和消化能力都还比较差。这时如果护理不好，很易得病死亡。离窝后的乳鸽停食有两种情况，一是自己还不会采食，需要人工灌喂，二是有病不吃。属于后者一般伴有脚冷、毛松、或嗉囊积食、积水。遇到这些情况，要细心检查，无病的要人工灌喂，有病要人工灌药。所以，刚离窝的乳鸽要精心护养，检查，晚上要捉进巢房，不让幼鸽在地上过夜，否则会受凉生病。

274. 乳鸽养到 15～20 日龄就发生喉炎，慢慢消瘦而死是什么原因？

幼鸽长到 7～9 天，亲鸽就开始喂给颗粒饲料。这时幼鸽的嘴还十分幼嫩，如果亲鸽哺喂的料颗粒粗大或尖利，就会损伤幼鸽的喉头而发炎，发炎后幼鸽不再接受哺喂，不得吃食，慢慢消瘦而死。所以这一阶段最好给亲鸽喂小粒为主的饲料，喂前先用水浸软，喂稻谷的要先碾成米再喂。

275. 鸽进食不久即呕吐是什么原因？用什么药治疗？

能引起鸽呕吐的有多种原因，遇到这种情况应先检查，看饲料是否发霉变质，如果是饲料变质，更换新鲜饲料，呕吐即可停止。如果喂新鲜饲料仍呕吐，则是由于饲料搭配不当，使鸽肠胃不能适应而引起。只要灌服复合维生素 B 溶液 1～2 毫升、胃舒平 1 片，每日 2 次，同时让鸽停食 1 天，以后再喂就不会呕吐了。如果是喂什么吐什么，那是嗉囊炎或胃肠炎，应当停食、洗胃、打针消炎。

276. 鸽发生一般风寒感冒如何治疗？

天气突然变化，鸽群受惊扰或是长途运输，鸽受冷风侵袭就容易发生一般风寒感冒。发病后传染快，病鸽鼻流出大量分泌物，鸽常用鼻擦羽毛，致使背部、腹部羽毛污秽不堪，病鸽食欲不振，呼吸困难。病2～3天后，两眼红肿，眼有大量分泌物粘着，不能采食，往往死于饥饿。

治疗：①参照人用感冒药。用感冒清、感冒灵或感冒冲剂，每次1片口服，每天2～3次。②桑菊感冒片或维生素C银翘片，每次1片，每日3次。发现病鸽要及时隔离治疗，平时要做好鸽舍笼具的清洁卫生，防寒保暖，鸽群放养密度不得过大，经常用金银花煎水让鸽饮可预防感冒。

277. 鸽皮下气肿怎么治疗？

【病因】由于打斗造成局部皮肤创伤，引起产气细菌感染而发病。此外，剧烈运动或突然受到惊吓等原因，引起气囊破裂，使气体外逸、扩散至皮下而致病。

【临床特征】
在病鸽躯体某部位出现局部气性肿胀。

【临床症状】病鸽躯体某部位出现局部气性肿胀，手压有弹性感和扩散感。如有细菌感染，局部有红肿、发热现象。

【治疗】用消毒的针头，穿刺气肿部位放气，然后，顺着针头注入抗生素，以防继发感染。

278. 鸽有蛔虫和羽虱有什么特效药治疗？

蛔虫和羽虱是鸽发生最多的寄生虫病。治疗特效药：蛔虫——盐酸左旋咪唑（或磷酸左旋咪唑）片灌服，0.5千克体重1次服1片，服前停食一餐。羽虱——烟骨煮水洗身或用敌百虫片溶于白酒喷洒鸽翅膀内侧，同时注意搞好鸽舍清洁卫生。

279. 鸽笼底落下许多细碎羽毛是什么病？怎样治疗？

是肉鸽脱羽螨寄生引起的脱羽螨病。脱羽螨寄生在鸽羽毛、背部翅膀、眼睑、嘴角、面部、脚部无毛或少毛处，引起鸽体发痒不安，自己拔啄羽毛，所以患这种病鸽羽毛大量脱落，鸽笼下掉落有许多粉状小羽毛。可采用下列方法之一治疗。①用20%硫黄软膏（1份硫黄，6份凡士林）擦患部，每天1次，连擦3～5天。②用烟骨煮水给鸽洗澡。③敌百虫5片（每片0.5克）、白酒（30～40度）100毫升，配成溶液喷洒鸽翅膀内侧，用药1～2次，脱羽螨可全部杀死。

280. 鸽肚底生蛆是什么病？怎样治疗？

这是牛皮蝇蛆（蝇类的一种）感染而引起的一种体外寄生虫病。这种寄生虫病比较少见，由于巢箱内有硬的树枝和草梗，刺破了幼鸽胸、腹的皮肤，牛皮蝇在伤口上产卵，孵化出牛皮蝇蛆，钻进伤口营生，使伤口腐烂，病鸽疼痛不安。治疗：用兽用敌百虫1片（0.5克）冷开水50毫升，溶解后冲洗伤口，杀蛆虫，用刀剪除腐肉、皮，再撒布中草药苦胆木粉或云南白药，以促进伤口愈合。

281. 母鸽啄吃仔鸽的羽毛是什么原因？怎样治疗？

母鸽啄吃仔鸽的羽毛是缺乏矿物质硫和钙磷等引起，长期关在笼里饲养，营养不良或光线不足易发生，在保健砂中加入5%的生石膏粉（主要含硫酸钙）可以预防本病发生。发现母鸽啄仔鸽的羽毛时应尽快将母鸽和仔鸽分开，将分开后的仔鸽放入同龄或相近的单仔窝中，让其它亲鸽哺喂，如鸽仔已长到17～18日龄，可用开水泡软的豆类和熟玉米进行人工哺喂。隔开的母鸽可加喂含5%的生石膏粉的营养丸，每日3次，每次1丸，连喂3天。同时将蛋壳炒香研碎让鸽自由采食，喂1～2次蛋壳粉后，母鸽就不再啄吃鸽仔的羽毛了。

282. 母鸽啄吃自产蛋怎么办？

这是母鸽缺乏矿物微量元素和缺钙而引起的，除了补喂足量的保健砂之外，还要炒些鸡蛋壳研碎放在窝边让母鸽自由采吃。喂1～2次炒蛋壳之后，母鸽就不啄蛋了。

283. 为什么有的鸽会排血粪？

鸽排粪带血是感染了球虫病。鸽子患球虫病后，食欲减退，消化不良，口渴而大量饮水，身体消瘦，两翼下垂，有的成鸽得球虫病会失去飞翔能力。病鸽起初排绿色带腥臭味的稀粪，后排出红色或红褐色带血的稀粪，并有失水现象，明显消瘦，严重时数天死亡。发现上述病状用可爱丹（克球粉）或青霉素、氯苯胍治疗，用药1～2次可治好。

284. 鸽误食农药污染的饲料发生中毒怎样抢救？

农药毒性大，鸽误食中毒后，如不及时抢救，很快会死亡。一般急性中毒无法抢救，慢性中毒可切开嗉囊，用清水冲洗嗉囊及食道，并用注射器冲洗胃部，然后缝合，撒上云南白药或消炎粉，连服4～5天消炎药。伤口愈合期间要注意喂些易消化的流食（如：稀粥等），也可以喂红糖水增强肝的解毒能力。如注射硫酸阿托品解毒，每次喂药应控制在0.1毫升，并要在兽医指导下进行。

285. 鸽为什么会产畸形蛋和单蛋?

由于母鸽的输卵管收缩反常,会使蛋的形状发生异常变化,所以会产出畸形蛋。这种蛋不宜孵化,经常产这种蛋的母鸽要淘汰;在正常情况下,母鸽每窝产蛋2只,而每窝产1只的原因很多,但主要与产蛋母鸽的卵巢发育状况有关,连续多窝产单蛋的母鸽应淘汰。

286. 为什么鸽会产软壳蛋或薄壳蛋?怎样防治?

产这两种蛋的原因多是饲料中钙和维生素D不足,缺少光照,不能在体内合成维生素D;缺保健砂,营养不良;高温炎热,产蛋前受惊,使蛋在形成过程中受阻碍等都可能产生软壳蛋或薄壳蛋。防治方法:①在饲料中配备充足的含钙质高的豆类,勤喂保健砂,常给种鸽晒太阳,母鸽产蛋期间要保持安静。②给已产软壳蛋或薄壳蛋的种鸽口服多维葡萄糖钙片,每天3次,每次1片,连服5~7天。同时用鸡鸭蛋壳炒香研粉,让鸽群自由采食。

287. 为什么有的幼鸽会发生软脚或骨骼畸形?成鸽发生软骨病怎样防治?

如果鸽日粮缺钙、磷,雏鸽和幼鸽的骨骼发育不良,就会发生上述病例,成鸽则出现软脚,站立不稳或不能站立。发现上述病状在鸽的饲料中每天增加各种豆类,在保健砂中要增加骨粉、蛋壳粉,发病严重时:

①肌肉注射雏丁胶性钙,每天1次,每次半支。

②口服葡萄糖钙片和鱼肝油丸,每天4次,每次各1粒。

288. 营养代谢病发生的原因与危害?常见的营养代谢病有哪些?

我国许多地区鸽子仍然以饲喂原粮为主,很少添加维生素、微量元素,同时肉鸽的营养需要国家标准至今还没有制定,致使生产上无法确认饲料中营养成分是否满足了鸽子的营养需求。造成营养代谢病的主要原因是饲料中维生素长期添加不足,或是饲料存放有问题或原料粮已发生霉变,造成维生素被破坏,引起维生素缺乏(主要是维生素A、维生素B、维生素D、维生素E的缺乏)。此外,矿物质(主要是钙、磷)、微量元素(主要有镁、铜、锌、锰、硒等)过多或过少也引起营养代谢病。营养代谢病症状起初不明显,症状逐渐加重,出现临床症状时已经很严重了。对生产的影响起初是隐性的,以消瘦、产蛋下降为主,抵抗力下降,易生病,死亡淘汰率增加,常误诊为传染病,致使采取了许多常规治疗方法仍然无法消除上述现象,只有临床症状很明显时才会被明确诊断。常见的营养代谢病有:鸽维生素A缺乏症,维生素B_1缺乏症,维生素D缺乏症,维生素E缺乏症,维生素K缺乏症。

289. 鸽缺乏维生素 A 有何表现?

由于日粮中维生素 A 或胡萝卜素(维生素 A 原)供应不足或消化吸收障碍所引起的一种营养性疾病。维生素 A 是保证鸽子正常发育、最适的视觉以及皮肤、消化道、呼吸道、生殖道黏膜完整性不可缺少的生物活性物质。临床上以黏膜、皮肤上皮细胞变性、角化,生长停滞,干眼病和夜盲症为主要特征,常见口腔和食道黏膜上有白色点状的过度角化上皮。我国南方较北方易发生。

290. 鸽缺乏维生素 B_1 有何表现?

维生素 B_1 又称硫胺素,由一个嘧啶环和一个噻唑环结合而成的化合物,是碳水化合物代谢所必需的物质,以辅酶的形式参与糖的代谢,可以抑制胆碱酯酶的活性,保证胆碱能神经的正常传递。维生素 B_1 缺乏症出现以碳水化合物代谢障碍及神经系统的病变为主要特征,临床典型症状呈现"观星"姿势。

291. 鸽缺乏维生素 D 有何表现?

维生素 D 是维持鸽体正常钙、磷代谢所必需的物质。维生素 D 缺乏会造成钙、磷吸收和代谢障碍,发生骨骼、喙和蛋壳形成受阻,骨骼不能进行钙化,导致骨质软化。少数鸽在产蛋后,往往腿软不能站立,表现出像"企鹅样蹲着"的特别姿势。另外,可引起产蛋鸽产异形蛋、软皮蛋或薄壳蛋。

292. 鸽缺乏维生素 E 有何表现?

维生素 E 和硒之间具有互相补偿和协同作用,幼鸽缺乏维生素 E 或硒都能引起脑软化、渗出性素质和肌肉组织营养不良(又称白肌病)。

293. 鸽缺乏维生素 K 有何表现?

维生素 K 是鸽血液正常凝固所必须的物质。禽类对维生素 K 比较敏感,缺乏时往往在躯体不同部位出现紫色的血斑。各种青菜均含有丰富的维生素 K,给鸽喂各种青料,可预防这种病发生。

294. 如何防控鸽的营养代谢病?

国家正组织相关专家制订肉鸽营养量标准,部分高等院校及研究院所也开展了相关研究并有阶段性成果报道,肉鸽场可参考、借鉴。平时把好原粮的质量关,注意保管,避免采购到霉变的原料或贮存引起霉败,饲料配制尽量新鲜。

295. 肉鸽需要哪几种矿物元素? 各有什么生理功能?

现代研究表明,动物机体的各种器官组织中存在上百种矿物元素,但迄今还有许多元素的生理功能未被认识。目前已知其生理功能的元素有 50 余种，其中对机体有重要作用的只有钙、磷、镁、钠、钾、氯、硫、铁、铜、锌、锰、碘、钴、硒等 14 种元素。这些元素在肉鸽体内的含量，分布差异很大，有的遍布全身，含量可用"百分数"表示，有的只存在于特定器官或部位，其含量只能用"毫克"或"微克"表示。矿物质在肉鸽体内所占比例很小，但对肉鸽的生长、繁殖和健康有重要的作用，是肉鸽不可缺少的营养物质。如果肉鸽日粮中缺乏矿物质，即使其他营养物质充足，也会降低生产力，影响肉鸽的健康和正常的生长发育，情况严重时还可能导致死亡。

(1) 缺钙：幼鸽易发生关节肿大，胸骨和腿骨弯曲等骨不良症状，成年鸽则易出现软骨及骨质疏松症，雌鸽所产蛋的蛋壳粗糙而薄，极易破损，同时产蛋率及孵化率也受影响。谷实类饲料中钙含量很少，肉鸽日粮中的钙主要用石灰石或贝壳补充，可占到日粮的 2% ~ 3% 。

(2) 缺钠和氯：日粮中钠和氯缺乏，幼鸽生长发育不良，饲料转化率下降，成鸽生产性能下降，体重减轻，羽毛不整。通常植物类籽实饲料中钠和氯的含量极少，如不给肉鸽日粮中补充食盐，就会发生缺乏症。因此，配制肉鸽日粮时必须补充食盐，通常食盐应占日粮 0.3% ~ 0.4% 。

(3) 缺硫：肉鸽缺硫会引起食欲减退、掉毛、溢泪、体质变弱等。但是只要肉鸽日粮中蛋白质含量能满足需要时，就不会出现硫缺乏症。

(4) 缺铁：日粮缺铁易引起缺铁性贫血。但是正常饲养条件下的肉鸽日粮中的铁即可满足需要，加之其体内铁可以再利用，所以通常肉鸽不会出现缺铁。不过生产中为保险起见，常给日粮中补充适量硫酸亚铁，以防止铁的不足。

(5) 缺锌：肉鸽缺锌易引起孵化率下降，影响幼鸽成活率。肉鸽日粮含有一定量的锌，一般不会出现缺锌。但生产中多以硫酸锌形式补锌，一是防止锌不足，二是锌具有促进幼鸽生长发育的作用。

(6) 缺锰：锰缺乏影响成鸽繁殖，降低种蛋孵化率，幼鸽出现骨发育不良等症。通常肉鸽所食植物籽实中锰的含量比较少，生产中需用无机锰补充。常用的无机锰主要是硫酸锰、碳酸锰和氧化锰。

(7) 缺硒：据报道，我国东北、西北、西南及华东等地属硒贫乏地区，该地区生产的饲料含硒量也比较少，用这些饲料饲养肉鸽时必须补充硒，否则常会导致缺硒症发生。目前生产中常用亚硒酸钠作为硒补充剂。

(8) 缺碘：肉鸽体内含碘比较少，但碘是甲状腺素的成分，缺碘会导致幼鸽生长发育缓慢，成鸽繁殖能力下降，种蛋孵化率降低等症。我国除沿海地区外，大部分地区缺碘，饲养肉鸽时需用碘化钾补充碘之不足。

296. 怎样防治鸽产沙壳蛋和软壳蛋?

【病因】

产沙壳蛋和软壳蛋是因钙质不足而引起。造成蛋壳钙质不足的原因有：饲料中缺钙或缺乏维生素 D，影响钙的吸收；雌鸽患输卵管炎症，引起卵壳腺机能不正常，不能分泌充足的钙；雌鸽年老，卵壳腺机能衰弱；雌鸽受到强烈刺激引起输卵管收缩，致使蛋壳还未完全形成便产下等。

【症状】

产出的蛋壳软，有的肉鸽在产蛋时表现为难产和喘气，若是输卵管炎症引起的，其粪便一般带有痰性分泌物。

【防治方法】

①注意在饲养中正常供给保健砂，增加雌鸽光照，补喂维生素 D 或鱼肝油丸，每天喂 1 粒。

②雌鸽产蛋时要保持周围环境安静，避免其受惊扰。

③对卵壳腺分泌机能衰退的老雌鸽，应予淘汰。

④输卵管发炎者，可用卵炎康治疗。

297. 怎样防治外伤?

常见的外伤有亲鸽把幼鸽驱出巢房时将其头部啄伤、雄鸽互相打斗伤、老鼠咬伤和尖利物刺伤脚趾化脓等。

【治疗】

用生理盐水或 2% 的硼酸水清洗伤口，除去脓汁和伤疤，然后涂擦碘酒或撒上利福平、磺胺结晶等消炎药物。伤势严重者，敷以云南白药或中草药苦胆木粉（用叶片晒干研粉）。平时喂肉鸽时要注意观察，发现外伤立即上药，以防感染化脓。

298. 怎样防治蛔虫病?

鸽蛔虫是常见的体内寄生虫，寄生在肉鸽的小肠内。

【生活史】

雌虫在肉鸽小肠内产卵，虫卵随鸽粪排出体外，在温度适宜的环境中生存 10~12 天，即在卵内发育成感染性幼虫。这种虫卵随食物、饮水或泥土，被肉鸽采食进入小肠内，幼虫破壳而出，钻入肠黏膜内，停留一段时间后再返回肠腔，逐渐发育为成虫。

【症状】

病鸽发育不良，无精神，体形消瘦，下痢，羽毛蓬松，趾部浮肿。

【防治方法】

①盐酸左旋咪唑，每0.5千克体重1片，1次灌服。

②搞好清洁卫生和按大小分群，成鸽笼养、青年鸽离地网养，可防止带虫成鸽排粪污染饲料、饮水而感染幼鸽。

③定期驱虫，最好每季度选用驱虫药物肠虫清或盐酸左旋咪唑进行预防性驱虫1次。用药按说明书喂给。

299. 怎样防治鸽球虫病?

【病因】

肉鸽吃了被球虫卵污染的饲料和饮水而致病。

【症状】

病鸽拉稀粪带血，有时粪呈红褐色，大量饮水，体形消瘦，死亡率高。

【防治方法】

①发现病鸽应及时隔离治疗，并对鸽舍及饲料、饮水进行消毒。

②口服中草药青蒿液，每只肉鸽1毫升，每天2次，连服2天。

③口服百求伏，每包100克兑水200千克，喂4000羽成鸽；鱼肝油胶丸1粒，每天1次，连服3天。

300. 怎样防治鸽虱?

羽虱寄生于鸽体表皮肤和羽毛上，它们附在鸽子的体表，吸血，引起鸽子奇痒，造成羽毛断折，严重侵袭时，可使鸽骚动不安，啄伤皮肤，日渐消瘦，贫血，产蛋量下降。

鸽虱是一种灰色或灰白色细小的体外寄生虫，寄生在肉鸽的皮肤及羽毛根部，以食羽毛或皮屑为生，一般不吸血，离开鸽体仅能活5～7天，通过鸽与鸽互相接触感染，对鸽体的影响主要是传染疾病和使肉鸽不安宁。

【防治方法】

①常给肉鸽洗澡和保持舍内外卫生，是预防本病的有效方法。

②染上鸽虱后，一般用烟叶或茎煮水给肉鸽洗澡，或在洗澡水中加2%的碘酒，可杀鸽虱。

③敌百虫5片（每片0.5克），白酒（30～40度）100毫升，配成溶液喷洒肉鸽翅膀内侧，用药1～2次，鸽虱可全部被杀死。

301. 怎样防治鸽脱羽螨?

鸽脱羽螨寄生在肉鸽的羽毛、背部、翅膀及眼睑、嘴角、面部、脚部等无毛或少毛处，导致肉鸽身体发痒、不安、消瘦，自己啄自己的羽毛，甚至干扰其正常繁殖。

【防治】

保持舍内外和用具清洁。对患鸽用 20% 硫黄软膏（1 份硫黄、5 份凡士林）擦患部，每天 1 次，连擦 3~5 天。

302. EM 活菌制剂是什么东西？鸽场用它有什么好处？

EM 活菌制剂是由光合菌、乳酸菌、酵母菌、放线菌、醋酸杆菌 5 科 10 属共 80 多种好氧和厌氧的微生物组合，形成复杂而稳定的微生态系统。其中光合菌能分解粪臭素，抑制氨气排放；放线菌能阻断粪臭素的生成，最大限度地减少畜禽粪尿的臭味。明显地抑制蚊蝇的滋生。鸽喂 EM 饲料或饮水不仅能提高繁殖率和产量，而且能减少鸽舍臭味，改善鸽场卫生条件。鸽场使用 EM1 个月后，恶臭气味浓度下降 90%，蚊虫、苍蝇减少了 85%。在鸽舍按每立方米空间喷 20 克 EM，能防止有害气体产生，使各种有害气体浓度下降到符合卫生标准。实践证明 EM 在促进生长、防病抗病、提高成活率、除臭杀菌去病毒、改善品质、生产无公害产品等方面有神奇功效。鸽场采用 EM 可降低养殖成本，减少或不用抗生素药品，生产出无药害的安全、合格乳鸽。

303. EM 活菌制剂的简易生产方法？

（1）场地设备。生产场地可选择光线较暗的室内，或能遮光的楼上阳台。主要生产设备是容量 50 千克或 25 千克的有盖塑料桶、提水桶、塑料瓶、锅和量杯。

（2）生产原料。EM 菌种（原露）、红糖、干净的井水或自来水。

（3）发酵方法。以生产 50 千克为例，先将容量 50 千克塑料桶洗干净，加入干净生水 45 千克到桶内静置 24 小时备用，再将 2 千克红糖溶于 4 千克热水中，冷却至 35℃~37℃后加入 EM 菌种 2 千克，密封 2 小时使菌种活化，然后再倒入大塑料水桶中盖上桶盖，不必完全密封。让其在半密封状态下发酵。在发酵期间要注意开盖观察，发酵到第 4 天，水面会出现泡沫，到第 10 天泡沫消失，水面浮起一片白色悬浮物，15 天后悬浮物沉入桶底，发酵结束。一般气温在 30℃以上，发酵 15~20 天完成，温度在 30℃以下，发酵时间要延长到 25~35 天才完成（比原来资料介绍的时间要长得多）。

304. 如何检测 EM 菌发酵质量？

（1）看颜色：正常为棕黄色，若变乳白色，说明发酵失败；

（2）闻气味：有较浓的甜酸味，没有酸味或变味说明变质；

（3）pH 值：用试纸检测 pH 值在 3.2~3.8 之间达标，若 pH 值未达标，说明发酵时间不够或红糖放得少，必须加糖继续发酵；

（4）把 EM 装入一个矿泉水瓶中，装到大半瓶就拧紧瓶盖，用力摇几下，如果瓶中有大量气体，说明发酵成功，没有气体说明发酵失败。瓶里出现些悬浮物，属于正常现象。

305. EM 活菌制剂怎么使用？

实践证明 EM 在促进生长、防病抗病、提高成活率、除臭杀菌去病毒、改善品质、生产无公害产品等方面有神奇功效。采用 EM 可降低养殖成本，减少或不用抗生素药品，生产出无药害的安全、合格食品。现将 EM 用法介绍如下：

（1）EM 直接饲喂法。按精饲料量的 2% 取 EM 拌入原粮饲料中，拌匀后即可喂鸽。喂 EM 饲料后，鸽拉稀与顽固性下痢基体根除。

（2）用 EM 喷颗粒料喂哺乳产鸽。原露兑水 3 倍直接喷颗粒料，边喷边搅拌，使 EM 液均匀沾在颗粒料上，晾干后投喂，颗粒料利用率提高 20% 以上，鸽消化功能增强，排粪减少 1/4。

（3）用 EM 治疗鸽顽固性下痢。取 EM 原露直接灌服，成鸽 1 次灌服 2 毫升，乳鸽 1 次灌服 1 毫升，每日 2 次，连服 3~5 天为一疗程。

（4）用 EM 喷雾消毒。坚持隔天用 20 倍 EM 稀释液喷雾消毒（包括空气、地面、笼具、垫草消毒）不仅能消除臭味、氨味，抑制病源微生物繁殖，还可降低呼吸道疾病的发病率。

（5）霉变饲料去霉。取 EM 原露兑水 10 倍浸泡发霉的玉米等颗粒原粮 1~2 天，EM 香味代替了霉味，达到品味如新的效果。

306. EM 活菌制剂贮存使用有什么注意事项？

（1）EM 活菌制剂要保存在不透明的容器内，保存期为 6 个月。如用透明塑料瓶装，很快会变质。自产 EM 用做 2 级菌种使用期为 3 个月，用于养殖业使用期为 6 个月。

（2）长时间不使用，要放在阴暗干燥处半密封保存，若完全密封保存时间过长，气味会发生变化，影响质量。

（3）一次引种，可连续不断生产使用。在生产过程中，应注意不断提纯复壮菌种。没有提纯复壮能力的，一般连续接种生产 6~8 代以后就要更换新菌种。

（4）EM 在生产和使用过程中，不能接触任何抗生素药品。养殖使用抗生素药品，用 EM 时要注意间隔期。

307. 鸽饮水给药要注意什么？

养鸽生产中，常听到一些养殖场或专业户反映某种药品通过饮水投喂后，未能达到预期效果，有时甚至不见效。于是就怀疑药品有假，殊不知，符合质量规范的药品，如果不按要求操作使用，也是达不到防治疾病的目的。下列几个问题值得注意：

（1）药品性质：药品有水溶性和脂溶性两种，通过饮水给药的，是溶于水的药品。

（2）水的处理：井水、河水最好先煮沸，冷却后，去掉底部沉淀物再用；经漂白粉消毒的自来水，先用桶放出所需水量，在日光下静置 2~3 小时，待其中氯气挥发后再用。这样使药品的效价不因水中所含的有关成分而受影响。

（3）水量控制：用药期的饮水量是全天饮水量的 1/4~1/3（以一天用药一次计）。水量太少，易引起少数饮水过多的禽只中毒；水量太多，一时饮不完，达不到防治疾病的目的。

（4）提前断水：为使家禽在规定时间内能顺利将药液喝完，在用药前，必须对其先行断水。断水时间视舍温情况而定，舍温在 28℃ 以上，控制在 1.5~2 小时；舍温在 28℃ 以下，控制在 2.5~3 小时。

另外投药时，应多准备一些干净的饮水器具，保证禽群在同一时间内都能喝上水。在规定时间内（30~40 分钟），未能喝完的药液应及时去除，换上清洁的饮水。

308. 使用兽医生物药品要注意什么？

（1）严格掌握本地区畜禽传染病流行情况，针对某些传染病在流行季节之前进行预防。

（2）预防前，应了解当地有无疫情，在传染病流行的疫区使用疫苗，必须特别注意消毒隔离，对于被注射动物，先做临床检查，无体温升高，食欲、精神正常者，方可注射。

（3）使用前，要逐瓶检查，仔细查阅使用说明书与瓶签是否相符，若不符，严禁使用并及时与厂方联系。

（4）使用时登记疫苗批号、注射地点、注射日期、注射畜禽数，并保存同批样品两瓶，不少于免疫后 60 天。如有不良反应和异常情况及对药品的意见，要函告厂方，以便查找原因。

（5）预防注射过程应严格消毒，注射器应洗净、煮沸，针头应逐头更换，更不能用一支注射器混用多种疫苗。

（6）口服菌（疫）苗，不能用热食、酒糟、发酵饲料、发酵泔水等拌苗，以免失效。

（7）疫苗只能防病，不能治病，抗病血清用于病初治疗或紧急预防。

（8）雏禽、未断奶幼畜，因免疫机制尚不健全，且有母源抗体的作用，此时免疫影响效力。若必须免疫时，应在断奶（孵出 4 周）后，再进行注射，以加强免疫。

（9）诊断液用作检查某些传染病患畜禽或某些传染病的带菌（毒）动物。只有熟练掌握诊断液的使用方法，才能做出可靠确诊。

（10）弱毒活疫苗，一般具有残余毒力，能引起一定的免疫反应，尤以敏感动物为甚。在首次使用地区或对良种动物，可能引起严重反应，正在潜伏期的动物使用后，可能激发病情甚至引起死亡。为此，在全面开展防疫之前，应对每批疫苗进行约30头只畜禽的安全试验，并观察14天，对纯种动物，更应慎重使用，确认安全后，方可全面展开防疫注射。

309. 鸽子服药期禁喂哪些饲料？

维生素药物：服用维生素 A 时忌喂棉籽饼，服用维生素 B_1 时忌喂高粱，服用维生素 C 时忌喂甲壳类海产品。

抗贫血药物：在服用硫酸亚铁等药物防治家鸽贫血病时，忌喂含磷高的麸皮。因为磷会降低家鸽对铁的吸收利用。

驱虫药物：在服用盐酸左旋咪唑、肠虫清等药物前 6~12 小时，应停止给家畜饲喂饲料，尤其应避免饲喂含油腻的水。

钙制剂药物：服用氯化钙、乳酸钙、葡萄糖酸钙等药治疗家鸽的佝偻病时，不宜再给家鸽喂含草酸较多的添加剂。

抗生素药物：服用链霉素时，忌喂食盐，服用四环素、土霉素、强力霉素时，忌喂大豆和饼粕类饲料。

止泻药物：在治疗家鸽肠道疾病时，常配合服用止泻剂，应避免给家鸽饲喂容易引起胀气的豆类饲料。

310. 影响鸽药药效有哪些因素？

（1）合并用药：两种药物同时使用，称为合并用药。如果这两种药物的药理作用相似，合并使用时常可增加药效，起到协同治疗的作用，也就是说，这样的合并用药能提高药物的效能，还可以减少药物的用量。例如，在使用磺胺类药物时，可同时给予抗菌增效剂，一般可提高几倍的疗效。

（2）重复用药：某些药物必须用了再用，在规定的时间内重复给药，并持续用药至若干日才能达到治病的目的。如各种抗生素与磺胺类药物，就应该这样使用，这样可以保持血液中的药物浓度于一定水平。因为每一次输入体内的药物不可能长久保留，在血液内，时间一长，药物就排泄出体外。故只有重复补充，才能达到治疗的目的。重复用药通常是一日用药 2~3 次，连续使用数日。当然，也不宜长期使用，以防药物积累，产生不良效果。

（3）配伍禁忌：不同的药物在配合不当时，会产生沉淀、结块、变色，或形成有毒物质，失去治疗价值，这叫配伍禁忌。用药人员必须熟悉各种药物的性状，合用调配时要防止出现配伍禁忌现象。

311. 鸽服药有哪十忌?

病鸽服药后，饲喂某些饲料会降低药效，甚至会使病情加重，因此，病鸽服药也应讲究忌口。

（1）麦芽：可抑制乳汁分泌，如用催乳药催乳时，应禁喂麦芽。

（2）绿豆：可解百毒，亦可解百药，除单服甘草外，鸽无论服什么药都应禁喂绿豆。

（3）黄豆及豆饼：因含有抗胰蛋白酶，故服用胰蛋白酶及其制剂时，应禁止生喂这两种饮料。另外黄豆、豆饼及骨粉等含有钙、镁、铁等矿物质，可与四环素、土霉素、强力霉素中的酰胺基及酚羟基结合成不溶于水、难以吸收的络合物，使疗效降低，因此，使用四环素族药物时也忌喂黄豆及豆饼。

（4）麸皮：是高磷低钙饲料，用骨化醇、氯化钙等治疗软骨病、佝偻病时应禁喂麸皮。另外，麸皮有轻泻作用，服用诃子、肉豆蔻、百草霜等止泻药时亦应忌喂。

（5）高粱：含鞣酸，有收敛止泻作用，在使用番泻叶、元明粉时应忌喂。同时鞣酸能使维生素、生物碱沉淀而不能吸收；使小苏打分解失效，使硫酸亚铁、氧化亚铁、硫化亚铁等铁剂络合而变性，病畜禽在服用上述药物时，应禁用高粱。

（6）棉籽饼：铁的含量多，能氧化破坏维生素 A、维生素 D、维生素 E 及维生素 B_{12} 等，故补充上述维生素时，应限喂或禁喂含有棉籽饼的颗粒饲料。

（7）鹅羽毛粉：给鸽用催情药物时，饲料忌添加鹅羽毛加工的羽毛粉，因其有避孕作用。

（8）食盐：用溴制剂治疗家畜兴奋性疾病时，要减少食盐的用量或停用。用食盐可加速溴制剂的排泄，使疗效降低。此外，在治疗家鸽肾炎水肿时要禁喂食盐。

（9）活菌制剂。食母生、促菌生、乳酶生和胰液素等活菌制剂，忌与抗菌素与磺胺类药物同用，以免将活菌杀灭，降低疗效。也不宜与杀菌性强的中药同用，如穿心莲、蒲公英、板蓝根、忍冬花等。

（10）碳酸氢钠：用敌百虫给家鸽驱除体外寄生虫时，应忌喂碳酸氢钠等碱性药物。因敌百虫与碱混合，会生成毒性很强的敌敌畏而引起中毒。

312. 滥用抗生素害处多?

（1）**药物中毒**：不合理使用抗生素经常会造成药物中毒，轻者影响畜禽的生长和饲料转化率，严重者造成畜禽死亡。

（2）影响畜禽的生产性能：磺胺类、呋喃类等药物在应用于蛋鸡时会影响产蛋率、受精率、孵化率等，如果随便在蛋鸡上使用这些药，就会影响鸡的生产性能。

（3）产生抗药性：由于不合理地使用抗生素，使病原体产生抗药性，这样，再发生这种疾病时，这种药物对这种疾病的疗效就会大大降低，给临床用药带来了很大困难。

（4）破坏正常菌群：不合理地使用抗生素使正常菌群遭到破坏，影响动物体的正常生命活动，而病原菌则乘机大量繁殖，造成疾病的发生。

（5）药物残留：不合理的使用抗生素，使抗生素通过食物链转移到人体内，给人体健康带来了严重危害。

313. 以人为本的鸽病防控体制怎样建设？

（1）配备专职兽医技术员：大鸽场（或公司＋农户的养鸽小区）要配备专职兽医技术员，中小鸽场也要落实人兼管。

（2）兽医技术员必须上岗培训：鸽场专职、兼职兽医技术员必须上岗培训5～7天，取得鸽病防控技术员资格证书后，持证上岗。

（3）饲养员岗前培训：饲养员也要在鸽场内进行健康养鸽、安全生产的岗前培训。

（4）健康养鸽、安全生产常抓不懈：健康养鸽、安全生产从我做起。鸽场全体员工每周1次自查，每月1次小结。年终考评，绩效与工资、奖金挂钩。

314. 大中型鸽场防疫、消毒制度怎样建立？

（1）防疫制度建立

①贯彻"预防为主、防治结合"的方针：把防疫工作做在疫病发生之前，坚持"无病早防、有病早治"的原则，使鸽群的防疫工作经常化、制度化。

②搞好环境卫生：减少细菌和病毒的滋生，切断疾病的传播途径。

（2）大鸽场的消毒程序

①常年设立门前消毒池。

②鸽舍定期消毒。平时预防性消毒每月进行1次。

③饮水消毒。

④空气和鸽体消毒。

⑤鸽窝垫布及用具消毒。

（3）鸽群的综合防疫措施：包括认真消毒隔离；单独建场饲养；坚持自

繁自养；搞好饲料卫生和做好经常性的检疫等 5 个方面的工作。

（4）鸽群发生传染病后的紧急措施

①尽快作出诊断，在大流行前就采取有效的防疫措施。

②发现病鸽立即隔离，病鸽和健康鸽的用具、饲料及饲养员都要能分开。

③对隔离出来的病鸽要加强治疗和护理。对未发病的肉鸽预防注射或饲喂预防药物，同时加强营养，增强机体抗病能力。

④发现疫情要立即封锁疫区，在发生传染病期间不许调进或调出肉鸽。大鸽场要划定封锁区和隔离范围。严禁人员、工具、饲料流通，以防病原扩散。

十四、鸽场规划建设

315. 环境对鸽的养殖有哪些影响?

环境是鸽安全、健康养殖的重要保证,是卫生防疫措施中的重要环节。环境对肉鸽的养殖影响非常大,良好的环境有利于提高肉鸽生产性能;而恶化的环境不仅抑制肉鸽生产性能的发挥,还容易引起肉鸽生病,甚至引起肉鸽的死亡。影响肉鸽的环境包括肉鸽场所处位置的大环境、肉鸽场内的小环境和鸽舍内微环境 3 个方面。

(1)鸽场的大环境:既有自然因素,包括地势、土壤、水源、气候、雨量、风向和作物生长等;还有社会因素,包括交通、疫情、建筑条件和社会风俗习惯等。

(2)鸽场内的小环境:主要包括鸽场内布局、鸽舍、道路、设施、人员、器具、羽毛和粪便等排泄物等。

(3)鸽舍内环境:主要包括鸽舍内光照、噪声、温湿度及空气中尘埃粒子等。

鸽是比较耐热又耐寒的动物,适应能力比较强,但肉鸽的养殖是以经济效益为考核目标的,虽然鸽在恶劣环境下也有可能生存,却无法取得良好的生长性能,鸽场环境的有效控制对肉鸽养殖十分重要,只有让肉鸽生活在舒坦、空气清新、无工农业"三废"污染、远离传染病的良好环境中,才能充分发挥其生长性能,减少疫病发生的概率及由此带来的经济损失,才能取得良好的经济效益,提高鸽产品的质量,保障公共卫生的安全。

316. 肉鸽对环境有哪些具体要求?

肉鸽具有很强的适应性,既能耐 40℃ 高温,也能忍耐 −40℃ 低温,对生活环境的要求不高。但是,饲养肉鸽的目的是尽可能多地生产乳鸽,因此,作为肉鸽生产者必须为其提供一个适宜的生活环境,才能充分发挥出肉鸽的生产能力,创出较好的饲养效益。

(1)适宜的温度。鸽舍温度要求在南方和北方是不同的:南方在 10 ~ 35℃ 之间,北方在 5 ~ 30℃ 之间,肉鸽仍可正常繁殖,舍温保持在 15 ~ 28℃ 之间更能充分发挥肉鸽的生产性能。舍温低于 5℃,幼鸽发育缓慢,常常因种鸽抱孵不妥而冻死,舍温超过 35℃,鸽蛋孵化率明显下降。

(2) 干净而卫生的饲养环境。肉鸽是家禽中最干净的动物，如果饲养环境不卫生，巢盆有粪便，雌鸽就会将蛋产在窝外，造成损失。因此，饲养肉鸽要定期清扫圈舍，及时更换巢盆垫草，保持干净卫生的饲养环境。

(3) 干燥通风的鸽舍。肉鸽喜欢干燥的生存环境，其舍内的适宜湿度为40%~50%。此外，饲养肉鸽的圈舍应有良好的通风及光照。

(4) 安静的饲养环境。肉鸽反应机敏，易受惊扰。对外来怪音、闪光、异常颜色及动物等非常敏感，轻则引起骚动和飞扑，踩死幼鸽，踩破蛋；重则弃窝逃跑，给生产带来不必要的损失。因此饲养过程中尽量减少惊扰，防止猫、狗、鼠、蛇进入鸽舍。

317. 人工生态鸽场建设有哪些要求？

(1) 鸽场选址要求：远离村庄1000米以上，远离江河、沟渠、池塘、沼泽地100米以上。必须在池塘边建鸽场的要有生物灭蚊措施。

(2) 鸽场绿化有利保健：鸽场绿化有利于夏天降温，冬天挡风，平时有利保健、防蚊、灭鼠。

(3) 生产区无低矮作物及花草：禁止在鸽舍中间和周边空地种瓜菜等低矮作物及花草。否则不利于防蚊、灭鼠。

(4) 鸽舍通风透光：鸽舍自然采光，通风透气，冬暖夏凉。

(5) 污水无害化处理：建设沼气池处理污水，生产沼肥和生物能源。

(6) 鸽舍地面要求：鸽舍地面不建暗沟，明沟排水，不留污水，以利防疫。

318. 鸽场怎样建设才符合健康防病要求？

(1) 鸽场选址：要远离湿地、菜地、稻田、池塘、长流水渠、小河30米以上，避开蚊虫滋生地，防止鸽痘暴发。实在无法远离的要除尽塘边、水渠边的杂草与灌木，池塘、水渠内要养鱼吃掉蚊子的幼虫。

(2) 鸽舍周围无低矮小植物及花草：周围10米不宜种植蔬菜、瓜果等低矮小植物及花草，防蚊、蝇、鼠到里面躲藏。同样道理，不提倡修建花园式鸽场。

(3) 从节约用地和便于管理考虑：两幢鸽舍间距2~3米为宜。鸽舍之间和鸽场周围空地选用乔木绿化为好（南方用速生桉，北方用速生杨）。鸽舍之间乔木下打水泥地面。让乔木在鸽舍屋檐以上形成树冠。这样既能防蚊、蝇、鼠，又降温防暑，冬暖夏凉。

319. 科学建设标准化鸽场有什么工作程序？

(1) 决定饲养规模→组建办场领导班子（含领导与科技人员）→选择场址→提出可行性报告→专家审定通过可行性报告→到办得好的几家产业化鸽场

实地考察→进行鸽场设计→绘制出平面规划图→绘制出施工图→选择有资质的工程队→鸽场建设完成→通过质检部门验收。

（2）进行鸽场建设的同时→制订生产总体规划→决定购种的鸽场→派饲养员去跟班学习（或参加养鸽学习班后再到鸽场跟学习）→购进笼具→批量引进种鸽（一般分2~3次引种）→对新进种鸽进行防疫注射、同时建立严格的兽医防疫制度→在专家指导下建立严格的科学饲养管理制度→批量产出乳鸽后→发展分公司或乳鸽产品深加工→用优质乳鸽产品参与市场竞争。

320. 建设鸽场需要注意哪些问题？

鸽场的建立要考虑生产规模、生产特点、饲养管理方式和经营方式，再结合当地自然条件，社会经济条件综合平衡后，科学合理地规划鸽场建设和选购养鸽设备，鸽场、鸽台的布局和设施要符合防疫的要求。

（1）场址的选择：潮湿是鸽的大忌，鸽舍要长年保持干燥，要有新鲜的空气和充足的阳光，所以必须选择较高地势、硬质坡地、排水良好和向阳背风的地方建造鸽场，地形应平坦、平缓。要考虑到既要有利于生产，又要有利于防疫，以及少干扰、应激反应和疾病的传播。鸽场距离居民区应保持500米以上，距离其他禽场、屠宰场、化工厂应在1000米以上，距离病鸽隔离场所、无害化处理场所3000米以上。要方便原料、饲料、鸽产品等运输，场外要有运输道路，能与公路相通，鸽场距离公路、铁路等主要交通干线在500米以上，太近不利防疫，太远又不方便，运输成本大，场内运输道路宽度最好不少于3米。鸽属于比较活跃的神经类型，易受惊吓而引起骚动，对突然的声音、影像、光线、动作等变化易受惊扰，故在场地选择，环境规划时要注意避免应激因素，舍内光照不宜过强。

（2）水源和水质：鸽的饮水量尤其在夏天很多，在气温28℃以上时，1只成年鸽24小时的饮水量为150~250毫升。所以无论是地表水还是地下水，都要保证鸽场有充足的水量。水质要求良好，没有受到病原菌和"三废"的污染，最好使用自来水，这直接关系到鸽的健康与生产性能。

（3）鸽场内的布局：通常分3个功能区，即生产区、管理区和病鸽隔离区。

①生产区：应包括种鸽舍、商品鸽舍、孵化室、育雏室和饲料配制室等，生产区内必须严格区分清洁走道与污染走道，不能相互交叉混合。

②管理区：包括药品室、兽医室，解剖室、职工房和办公室等。

③病鸽隔离区：位于鸽场的常年下风处。生产区要与管理区、病鸽隔离区严格隔开，进出口不能直通，每个区门口前要有一个供进出人员消毒的消毒池。

（4）鸽舍的建筑：主要根据鸽群生物学特点和消毒卫生防疫要求考虑，

一般有 3 种类型，即全开放式鸽舍、半开放式鸽舍和全封闭式鸽舍，半开放式和全封闭式鸽舍的地面和墙壁最好用水泥砌好，能耐受高压水的冲洗，以方便对鸽舍内残留的有害微生物进行冲洗。鸽与鸟、老鼠、猫、昆虫等有共患病，很多疾病都是通过它们传染，因此需设防鸟、防鼠和防虫网。

（5）各通道口消毒池的设置：所有通道口、鸽场的大门口、生产区的门口、鸽舍门口均应设有消毒池，以便对进出车辆的车轮、人员的鞋子进行消毒。大门口消毒池的大小至少为 3.5 米 × 2.5 米，深度为 0.3 米以上，其放置的消毒水应能对车轮的全周长进行消毒。该消毒池旁边可另设行人消毒池，以供人员进出使用。

321. 靠近公路、街道的房屋能养好鸽吗?

鸽对环境适应性很强，凡是人居住的地方它都能生活。办鸽场大批饲养，从防疫卫生方面考虑，要求鸽舍远离公路、街道。但家庭少量饲养（500 对以下），完全可以利用近公路、街道的房舍，只要实行圈养或笼养，充分利用柴房或楼上阳台、屋顶，都能把鸽养好。

322. 鸽场应建在什么地方为宜? 在山区是否能养好鸽?

鸽场应建在干燥、向阳，水源充足的地方。在山区杂粮丰富、饲料充足，环境幽静，空气新鲜，自然隔离好，传染病少，发展养鸽条件比城镇好。

323. 厂棚式鸽舍怎样设计?

厂棚式鸽舍的设计还没有统一的标准。采用厂棚式鸽舍养鸽的多是利用工棚、厂房、圩亭、畜舍等现成旧房改建。这样鸽舍结构很简单，只用几条砖柱支起屋顶（盖瓦或油毛毡），四周敞开不围。厂棚式鸽舍一般采用笼养，每平方米可养 4～5 对。鸽笼重叠成 3 层，分几排摆在鸽棚内，鸽棚大小根据养鸽多少而定。

324. 肉鸽的鸽舍与信鸽的鸽舍有何不同?

肉鸽舍与信鸽舍有如下区别：

①肉鸽舍是固定的，而信鸽舍除了固定的外，还有为通讯、训练而临时设立的专用往返通讯鸽舍、夜间飞行鸽舍和移动式鸽舍。

②信鸽舍要求建在高处视野开阔的地方，四周没有高压电线等障碍物。城镇的信鸽舍多设在楼房顶层，肉鸽舍则没有这些要求。

③肉鸽可以圈养和笼养，而信鸽全部放养。信鸽舍门外设有降落台，便于鸽子起飞和降落，肉鸽舍没有。

④信鸽舍需要装饰，降落台、门窗和巢箱分别涂上鲜艳的颜色，以帮助鸽子在高空识别，能准确归巢。肉鸽舍不要求装饰。